SDG Solutions
面向 SDG 的中国行动

咔嗒一声　迎刃而解

金钥匙可持续发展
中国优秀行动集2○23

主　编 / 钱小军　　副主编 / 于志宏

经济管理出版社
ECONOMY & MANAGEMENT PUBLISHING HOUSE

图书在版编目（CIP）数据

金钥匙可持续发展中国优秀行动集. 2023 / 钱小军

主编. -- 北京：经济管理出版社，2024. --ISBN 978

-7-5096-9795-5

Ⅰ. X22-53

中国国家版本馆 CIP 数据核字第 2024C0N218 号

组稿编辑：魏晨红
责任编辑：魏晨红
责任印制：黄章平
责任校对：张晓燕

出版发行：经济管理出版社
　　　　　（北京市海淀区北蜂窝路 8 号中雅大厦 A 座 11 层　　100038）
网　　　址：www.E-mp.com.cn
电　　　话：（010）51915602
印　　　刷：北京市海淀区唐家岭福利印刷厂
经　　　销：新华书店
开　　　本：720mm×1000mm/16
印　　　张：12
字　　　数：234 千字
版　　　次：2024 年 7 月第 1 版　　　2024 年 7 月第 1 次印刷
书　　　号：ISBN 978-7-5096-9795-5
定　　　价：98.00 元

《金钥匙可持续发展中国优秀行动集》编委会

主　编： 钱小军

副主编： 于志宏

编　委：（按姓名拼音排序）杜　娟　　邓茗文　　胡文娟　　李莉萍

　　　　　　李思楚　　李一平　　王秋蓉　　朱　琳

"金钥匙——面向 SDG 的中国行动"简介

2015 年 9 月 25 日，"联合国可持续发展峰会"通过了一份由 193 个会员国共同达成的成果文件——《改变我们的世界——2030 年可持续发展议程》（Transforming our World: The 2030 Agenda for Sustainable Development，以下简称《2030 年可持续发展议程》）。这一包括 17 个可持续发展目标（SDGs）和 169 个子目标的纲领性文件，既是一份造福人类和地球的行动清单，也是人类社会谋求成功的一幅蓝图。可持续发展成为全球共识。

中国高度重视落实《2030 年可持续发展议程》，习近平主席多次就可持续发展发表重要讲话。2019 年 6 月，习近平主席在第二十三届圣彼得堡国际经济论坛全会上发表的题为《坚持可持续发展　共创繁荣美好世界》的致辞中提出深刻论断：可持续发展是破解当前全球性问题的"金钥匙"。

2020 年 1 月，联合国正式启动可持续发展目标"行动十年"计划，呼吁加快应对贫困、气候变化等全球面临的严峻挑战，以确保在 2030 年实现以 17 个可持续发展目标为核心的《2030 年可持续发展议程》。

2020 年 10 月，为落实习近平主席的"可持续发展是破解当前全球性问题的'金钥匙'"论断，响应联合国可持续发展目标"行动十年"计划，《可持续发展经济导刊》发起了"金钥匙——面向 SDG 的中国行动"（以下简称金钥匙活动）活动，旨在寻找并塑造面向 SDG 的中国企业行动标杆，讲述和分享中国可持续发展行动的故事和经验，为推动中国和全球可持续发展贡献力量。

"金钥匙——面向 SDG 的中国行动"致力于成为中国可持续发展领域行动的"奥斯卡奖"，通过"推荐—评审—路演—选拔"层层递进的流程，强化专业性、公正性和竞争性，让最具"咔嗒一声　迎刃而解"这一"金钥匙"特征的优秀行动脱颖而出。

"金钥匙——面向 SDG 的中国行动"提出并遵循"金钥匙 AMIVE 标准"：①找准症结：精准发现问题才有解决问题的可能（Accuracy）；②大道至简：找到"高匹配度"

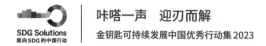
的问题解决路径（Match）；③咔嗒一声：以创新智慧突破性解决痛点问题（Innovation）；④迎刃而解：问题解决创造出综合价值和多重价值（Value）；⑤眼前一亮：引发利益相关方共鸣并给予正向评价（Evaluation）。

首届（2020 年）"金钥匙——面向 SDG 的中国行动"得到了企业的积极响应。来自 79 家企业的 94 项行动通过层层选拔，其中 57 项行动荣获"金钥匙·荣誉奖"，37 项行动荣获"金钥匙·优胜奖"，9 项行动荣获"金钥匙·冠军奖"（金钥匙最高荣誉）。

在 2021 年"金钥匙——面向 SDG 的中国行动"中，来自 112 家企业的 126 项行动通过层层选拔，其中 45 项行动荣获"金钥匙·荣誉奖"，60 项行动荣获"金钥匙·优胜奖"，15 项行动荣获"金钥匙·冠军奖"。

在 2022 年"金钥匙——面向 SDG 的中国行动"中，来自 11 个类别 109 家企业的 124 项行动经过专业评审，其中 76 项行动荣获"金钥匙·荣誉奖"，48 项行动荣获"金钥匙·优胜奖"，14 项行动荣获"金钥匙·冠军奖"。

在 2023 年"金钥匙——面向 SDG 的中国行动"中，来自 10 个类别 105 家企业的 126 项行动经过专业评审，其中 78 项行动荣获"金钥匙·荣誉奖"，48 项行动荣获"金钥匙·优胜奖"，15 项行动荣获"金钥匙·冠军奖"。

截至 2023 年 12 月，"金钥匙——面向 SDG 的中国行动"已连续举办了四届，共计 589 家企业的 702 项行动参加，经过专业评审与选拔，449 项企业行动成为"金钥匙行动"。这些行动是中国企业落实 SDG 的典型代表，是推动可持续发展行动的积极探索和创新，是可持续发展的中国故事。

"金钥匙——面向 SDG 的中国行动"释放了巨大的价值和社会影响力，得到了多方的高度认可，引起了社会各界的广泛关注，并于 2021 年 6 月 22 日成功入选第二届联合国可持续发展优秀实践（UN SDG Good Practices）。其中，金钥匙平台挖掘的 6 项行动也成功入选，在世界舞台精彩亮相。

"金钥匙——面向 SDG 的中国行动"自 2020 年发起以来，得到了清华大学绿色经济与可持续发展研究中心的大力支持。一方面，清华大学绿色经济与可持续发展研究中心主任钱小军教授连续四年担任"金钥匙——面向 SDG 的中国行动"的总教练，为"金钥匙——面向 SDG 的中国行动"提供了重要的学术支持和专业指导。另一方面，为进一步推广"金钥匙行动"的价值和作用，四年来清华大学绿色经济与可持续发展研究中心与《可持续发展经济导刊》共同选编了典型案例并出版了《金钥匙可持续发展中国优秀行动集》，向致力于可持续发展的企业、高校及国际平台进行推广，为全球贡献可持续发展提供中国方案、中国故事。

ESG 塑造可持续发展领导力

钱小军 "金钥匙"总教练、清华大学苏世民书院副院长、
清华大学绿色经济与可持续发展研究中心主任

中国政府高度重视可持续发展问题，为推动落实联合国《2030 年可持续发展议程》积极贡献力量。2021 年，习近平主席提出全球发展倡议，旨在推动实现更加强劲、绿色、健康的全球发展，加快落实《2030 年可持续发展议程》。

当下，践行 ESG（Environment、Social、Governance）理念、实现可持续发展已在全球范围内形成共识。加快实现联合国 2030 年可持续发展目标，离不开普通公民的关注与参与，更离不开商业——每一家企业在经营活动中——的负责任行为。企业必须加强自身可持续发展意识与能力的提升，加强 ESG 实践，并具体落实在企业的战略与实践各流程环节，实现经济价值与社会价值双赢，才能在商业变革中赢得发展机遇与未来。

ESG 与企业社会责任、可持续发展的关系

ESG 作为一种重要的投资理念、评价方式和企业行动指南，已经日益成为国际共识，在我国也进入加速发展期，ESG 这几年已经成为社会和企业界探讨的主要话题之一。

ESG 起源于投资行业，是投资类企业对自身社会责任履责的要求，投资的时候不仅要看财务表现，也必须关注企业在 ESG 方面的表现。企业为了得到投资机构的青睐，就必须重视 ESG 表现，对投资履责的要求就外溢到其他企业。企业从而开始关注其对环境以及社会的影响，包括如何对待员工，如何平衡性别平等，如何降低对经营所在的地区产生的影响，以及开展透明、平等、公平，符合道德和法律法规要求的经营。

ESG 中的每一项都是企业社会责任（Corporate Social Responsibility, CSR）的内容，所以本质来讲它们是一致的。从投资类企业对自身社会责任的履职要求里看到的就是社会责任，外溢到其他的企业仍然是对一般企业在社会责任方面履责的要求。

1987 年，世界环境与发展委员会发表了《我们共同的未来》报告，将可持续发展

定义为"既能满足当代人的需要，又不对后代人满足其需要的能力构成危害的发展"。这里主要涉及自然资源，包括水、矿产以及温室气体排放等影响自然环境的因素。因此，ESG 中的"E"（Environment）更多反映了我们对人类可持续发展的要求。

企业界对 ESG 的认可程度和重视程度越来越高，尤其是拥有国际业务板块的大型企业，ESG 成为能够"走出去"的"通行证"，以及获得国际市场经济增长的"敲门砖"。对于投资行业而言，ESG 不仅是规避风险的有效措施，也是助力企业经营可持续发展、提高市场竞争力的必然选择。

金钥匙与可持续发展领导力

2022 年 6 月，我在可持续发展领导力论坛暨 2022"金钥匙——面向 SDG 的中国行动"启动会上，对可持续发展领导力做了如下定义：可持续发展领导力就是能够发现与可持续发展相关的问题，能够而且愿意为解决这个问题开动脑筋寻找解决方案，并最终采取行动推动问题的解决的行动。简言之，可持续发展领导力的本质就是带领和影响他人共同解决挑战性难题、实现可持续发展的行动。

"金钥匙行动"企业展现的可持续发展领导力体现在四个方面：一是强烈的责任感，要有推动可持续发展变革的自觉和雄心；二是敏锐的觉察力，要有准确界定具有普遍意义的可持续发展问题；三是超常的思维能力，创造性地找寻"四两拨千斤"的解决方案；四是良好的协调能力，具有会聚优势和资源让解决方案落地的行动力。

企业在可持续发展方面的实践就是上述可持续发展领导力的生动体现。作为这个活动的总教练，我看到了这些在"金钥匙行动"和可持续发展实践中的领跑者，特别为你们感到高兴。同时，希望参与"金钥匙行动"的企业认真学习，借鉴"金钥匙·冠军"的方案，仔细体会他们在打造"金钥匙·冠军"案例的过程中是不是充分展示了上述四个要求。

因为有各个参评企业的优秀实践和积极参与，才有了"金钥匙行动"的成就。"金钥匙"树立起了中国企业面向 SDG 的企业行动标杆，这些企业的行动、策略、经验、故事，都是致力于可持续发展的企业的学习榜样。榜样的力量是无穷的，榜样的力量也是珍贵的。无论是消费者还是业内同行，都能够看到这些行动传递的社会价值观以及承担的社会责任。

见贤思齐，榜样的力量能够促进更多企业觉醒，开始它们的变革之路。先进的企业还可以通过供应链管理影响其他企业。特别是大企业，它们对价值链上其他企业的影响更大。可持续发展所要求的企业行为方式的改变，会给传统的企业经营模式和管理模式带来深刻的变化。这些变化可能是企业文化的变革，也可能是业务重组的要求。

荣获"金钥匙·冠军奖"的企业固然是这条路上的领跑者，我更希望看到这些冠军能引领更多的企业走上变革之路。《变革正道》这本书里有一章的题目"让更多人发挥更大的领导力"，中国企业的 ESG 发展道路乃至全球的可持续发展道路也需要同样的理念。这条道路上需要领跑者，但企业自身的变革无法依赖其他人，只能依靠企业自己的行动与努力。期待更多的企业在"金钥匙——面向 SDG 的中国行动"中展现和发挥更大的可持续发展领导力，让我们的世界变得更好。

"金钥匙——面向 SDG 的中国行动"影响从国内走向国际

自 2020 年 10 月 27 日金钥匙活动正式启动以来，已经举办了四届，它的吸引力和影响力已经远超四年前我的想象。四年共有 702 项行动参加了"金钥匙——面向 SDG 的中国行动"，本活动还受到了联合国的表彰，其影响从国内走向了国际。

过去四年来我担当"金钥匙——面向 SDG 的中国行动"的总教练期间，见证了"金钥匙"的吸引力和影响力在不断扩大，也不断加深了三个"认同"：一是高度认同可持续发展理念与实践，坚信可持续发展是世界之路、中国之路、企业之路，是让世界更美好、可持续的必然选择；二是认同"金钥匙"的理念，要解决当今世界面临的各种难题，我们需要找到并且用好可持续发展这把"金钥匙"；三是认同"金钥匙"的标准——"咔嗒一声 迎刃而解"，让我们感受到"金钥匙行动"的魅力和价值。

今天，我再加一项认同，那就是"金钥匙"的评审机制，从参赛行动的文字稿到 6 分钟的现场路演讲述，再到 100 秒的行动视频，层层选拔的评选流程都是依靠来自企业界、学术机构、政府与非政府组织极具代表性的评委背靠背打分，保证了评审结果的公平、公正、专业，这也是"金钥匙——面向 SDG 的中国行动"的魅力之一。

我期待并且相信，未来"金钥匙——面向 SDG 的中国行动"会得到更广泛的响应，会有更多的企业参与金钥匙活动，更多的社会环境问题通过"金钥匙行动"能够得到解决；也期盼有更多的企业可以举办"金钥匙"主题赛，让寻找解决当前社会环境问题的"金钥匙"在企业内部成为风气，成为企业创新活力的组成部分，成为强化企业竞争优势的推动力量，成为推动全球可持续发展的中国典范。

为可持续发展增添澎湃动力
——2023 年"金钥匙——面向 SDG 的中国行动"

于志宏　"金钥匙"发起人、《可持续发展经济导刊》社长兼主编

可持续发展是破解当前全球性问题的"金钥匙"。

2023 年是联合国《2030 年可持续发展议程》中期评估年，实现可持续发展目标仍任重道远。企业作为重要的市场主体，践行可持续发展理念，开展可持续发展行动，正在成为实现自身高质量发展、提升市场竞争力、塑造国际品牌形象的必然选择。自 2020 年《可持续发展经济导刊》发起"金钥匙——面向 SDG 的中国行动"以来，得到了越来越多企业的广泛关注和积极参与，正是展现了企业主动拥抱可持续发展的热情。

2023 年 10 月 9~10 日，来自"双碳"先锋、无废世界、可持续消费、礼遇自然、乡村振兴、优质教育、人人惠享、科技赋能、可持续金融、驱动变革共 10 个类别 105 家企业的 126 项行动通过参加路演，接受 40 多位来自知名高校、国际组织、行业组织的权威专家以及企业高管组成的评审团的专业评审与点评。

2023 年 11 月 17 日，"2023 金钥匙行动发布典礼"在北京大学百周年纪念讲堂隆重举办，来自学术界、行业组织、国际组织及企业的代表济济一堂，现场共同见证了 192 项金钥匙各项荣誉的诞生，再次奏响了"咔嗒一声　迎刃而解"的美妙旋律，为 2023 年金钥匙活动画上了圆满的句号。这标志着又一批可持续发展优秀行动经过金钥匙的"淬炼"正式"出炉"了。

持续释放价值，汇聚贡献 SDG 的商业力量

可持续发展不仅成为全球共识，更是企业共识。企业是积极推进联合国 2030 年可持续发展目标的重要力量。尤其是在金钥匙行动中，我们看到，无论是中央企业、民营企业还是外资企业，开展可持续发展的意愿都在不断增强，行动更加扎实，并且迫切希望在可持续发展道路上不甘落后甚至成为引领者。

2023 金钥匙行动自启动以来，共有来自 175 家企业的 208 项行动被推荐或自荐。

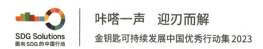

相比 2022 年 151 家企业的 170 项行动，数量明显增加了。来自不同行业、具有不同规模的企业积极申报金钥匙行动，充分展现了如今中国各行各业高度重视可持续发展的良好态势，这也是金钥匙活动越来越受到关注的重要原因之一。如渣打银行、中信银行、兴业银行、微众银行、度小满等金融机构，阿里巴巴、百度、快手、美团等互联网平台，联想、惠普、佳能等科技公司，施耐德电气、宝马、沃尔沃等工业企业，欧莱雅、丝芙兰、金龙鱼、晨光等消费品牌，中国移动、中国联通等通信企业，这些不同行业的龙头企业用"可持续发展"这把"金钥匙"破解发展难题的丰富实践，给评委留下了深刻的印象。

从零碳港口、零碳乡村、零碳 5G 方舱基站、零碳社区到零碳办公，不同企业结合自身所处的行业特点，在所在领域全面发力推动"双碳"目标落地，探索自身低碳转型发展。从碳中和文具、二手办公室家具、足球公益产品、可持续美妆产品到可持续家居生活等，促进了可持续消费的多元化方案，形成了消费在悄然变革的不可逆的潮流。从现代化种植、智能化养殖、循环农业到升级改造电网建设、5G 技术改造盐碱地、直播助农、建设产业供应链、农产品品牌建设等，企业在助力乡村振兴方面各显神通，途径多样，成效显著。在路演现场，10 个类别 126 项行动的企业代表按照金钥匙的标准，聚焦不同难题在现场精彩展示了各自的创新解决方案，成为 2023 年度金钥匙行动的代表，为推动中国和全球可持续发展贡献了力量。

为企业搭建展示、学习和交流的多元化平台

金钥匙不只是发现行动，更是一个展示、学习、交流、提升的专业化平台。在为期两天的路演中，126 项行动的企业代表向来自可持续发展领域的评审专家讲述行动 6 分钟，并接受评审专家评审和点评。高质量的行动与富有说服力的现场讲解，在让比赛激烈程度上升的同时，也为大家提供了学习交流的平台，促进相互合作，共建可持续生态圈。

一是淬炼——不断打磨内容，并注重形式创新。为了引导和鼓励企业讲好中国可持续发展行动故事，金钥匙活动通过提出一套可持续发展优秀行动的评价标准（金钥匙标准）、一套可持续发展优秀行动的评价流程以及组建一批具有国际化、专业化、多元化、产业化的可持续发展行动评审专家，为中国企业讲好可持续发展行动故事搭建起了重要平台。其中，路演／晋级赛既是企业展示可持续发展行动的专业平台，也是讲好可持续发展行动故事的重要平台。一家企业如何用 6 分钟向现场评委讲清楚行动故事并得到认可，这对于所有的路演企业而言都是一个不小的挑战，尤其是连续多次参加金钥匙活动

的企业更需要创新的智慧。笔者在今年路演现场看到，绝大多数路演企业都高度重视，组建团队打磨内容，做到了精彩呈现和流利讲述，并从容应对评委提问。为了讲好行动故事，有的企业大胆探索，进行表现形式的创新。例如，来自乡村振兴类别的国网江苏省电力有限公司涟水县供电分公司用小品的形式呈现，四个行动参与者现场生动演绎了从"看天吃饭"到"靠链增收"的行动故事，得到了评委的高度赞赏，成为本组路演的第一名。

二是激发——从容应对评委提问，从讲述变成交流。金钥匙路演平台，也是企业向来自国际组织、行业组织、学术机构的专家、学者以及企业高级管理者进行展示和交流的机会。在路演过程中，不同评委结合自身所在的领域提出疑问和建议，是企业深度阐释行动的机会，也是企业找到新方向、新价值的难得机会。例如，来自驱动变革类别的十如"打造可持续发展园林，引领行业转型升级"的行动讲述人——桂林溢达纺织有限公司总经理张炜从容应对多位评审专家的提问，从公司可持续发展理念到转型升级背后的驱动力等，使现场评委对行动更加了解，赢得了高度认可。又如，针对国网山西省电力公司太原供电公司的行动，评委建议不要局限于城市住房空置率一"电"了然，未来可以深度挖掘数据价值，在助力当地政府宏观决策和城市智慧化管理等方面发挥更大的作用。

三是提升——在聆听中学习和借鉴优秀经验。对于很多企业而言，不只是来展示，也是来"取经"。路演讲述人除了上台讲述自己的行动，还会全程认真聆听其他企业的行动故事，把路演作为获得启发、学习经验的宝贵机会。例如，来自国家电网公司各单位的行动，从演讲内容到演讲人的形象，给很多企业留下了深刻的印象——专业、精彩、精准，成为借鉴和学习的榜样。佳能中国的"影像科技让非遗文化'活起来'"行动，借助现代影像技术记录、保护和传承非遗文化，探索传承保护的新途径，也让其他企业认识到科技赋能不一定是高、精、尖的科技，只要找准问题、用对方式，也能发挥科技优势助力可持续发展。

金钥匙再次赢得多方赞誉与高度认可

特邀嘉宾与 100 多家企业代表共同见证了 2023 金钥匙行动正式发布的荣耀时刻，现场 78 项行动获得"金钥匙·荣誉奖"，48 项行动获得"金钥匙·优胜奖"，15 项行动获得"金钥匙·冠军奖"。这些行动是中国企业落实 SDG 的典型代表，是推动可持续发展行动的积极探索和创新，是可持续发展的中国故事，也让金钥匙成为我国重要的可持续发展行动基地。

北京大学新闻与传播学院党委副书记卢亮作为2023金钥匙行动发布典礼的协办单位代表致辞。清华大学苏世民书院副院长、清华大学绿色经济与可持续发展研究中心主任钱小军教授作为金钥匙总教练出席2023金钥匙行动发布典礼并致辞。两位嘉宾从不同角度表达了对金钥匙活动推动中国可持续发展的价值与期待。

卢亮在致辞中表示，可持续发展是当前全球的最大共识，也是这个时代的主流，是社会各界的共同责任。面向未来，北京大学新闻与传播学院将和社会各界一道，携手共进、砥砺前行，共同讲好可持续发展中国故事，进一步传播中国可持续发展好声音。

钱小军在致辞中表达了对金钥匙的高度认可，认同可持续发展理念与实践，认同金钥匙理念，认同金钥匙标准，以及认同金钥匙的评审机制。

金钥匙评审专家是保证金钥匙行动公平、公正、专业的关键，也是金钥匙活动的重要支持力量，对金钥匙活动给予了极大的认可与期待。在2023金钥匙行动发布典礼现场，参与2023金钥匙评审的专家——世界自然基金会高级顾问金钟浩、中国传媒大学设计思维学院院长税琳琳、世界经济论坛自然与生态文明倡议大中华区总负责人朱春全表达了对金钥匙的感受与评价。

作为国际组织的代表，金钟浩表示："这是我参与的第三届金钥匙，它的影响力和覆盖面让我颇为惊喜。金钥匙行动既包含面对国内外全球性、普遍性的可持续挑战，又包含不同行业的企业开拓性的创新探索，期待能为更多从业者提供借鉴和启发，形成规模性影响。"朱春全表示，来自各行各业的企业展示了它们在可持续发展领域的优秀行动，这彰显了中国在推进和贡献联合国可持续发展目标方面的引领和领导作用。中国不仅是世界经济和社会发展的引擎，也是推动世界走向可持续发展的助力。作为学术机构的代表，税琳琳表示，和金钥匙携手共度的两年多时间里，整体感受总结为"六个有"：有情有义——金钥匙是完全公益的；有声有色——金钥匙汇聚了非常优秀、有价值的项目，可谓百花齐放、争奇斗艳；有滋有味——在金钥匙的舞台上企业充分展现了责任和担当。

作为对经济社会环境具有重大影响的行动主体，企业是推动可持续发展的重要力量。在中国，越来越多的企业正凝聚可持续发展共识，用行动回应时代之问、世界之问。2023 金钥匙行动进一步激发了各方推动可持续发展的热情与信心，这也是金钥匙行动不断前行的动力。金钥匙行动将继续聚焦专业化、国际化、公正性、公益性，为加速贡献联合国可持续发展目标会聚广泛的力量，共同创造美好未来。

编者的话

为了发挥 2023 金钥匙行动的价值和作用，《可持续发展经济导刊》与清华大学绿色经济与可持续发展研究中心共同选编《金钥匙可持续发展中国优秀行动集 2023》（以下简称《2023 年金钥匙行动集》）。

本着自愿参与、重点选拔的原则，按照"金钥匙标准"，《2023 年金钥匙行动集》收录了来自 2023 金钥匙行动中人人惠享、优质教育、乡村振兴、可持续消费、可持续金融、驱动变革、无废世界、礼遇自然、双碳先锋等类别的 18 项企业优秀实践，从精准定义问题、提供高匹配度的解决方案、创造多维价值到专家点评，以金钥匙视角详细地展示了这些企业在探索可持续发展解决方案的思路、做法及成果。这些金钥匙可持续发展优秀行动，彰显了中国企业强大的可持续发展行动力，展现了中国企业解决不同可持续发展难题的创新方案，为落实联合国 2030 年可持续发展目标做出了积极贡献，并成为致力于可持续发展企业学习的榜样。

《2023 年金钥匙行动集》面向高校商学院、管理学院，作为教学参考案例，可提升未来领导力的可持续发展意识；面向致力于实现联合国可持续发展目标的企业，可促进企业相互借鉴，推动可持续发展行动品牌建设；面向国际平台，可展示、推介中国企业可持续发展行动的经验和故事。

CONTENTS
目录

人人惠享

阿里巴巴公益基金会

美好生活 一个都不能少
以科技力量助力无障碍环境建设

一、基本情况

公司简介

阿里巴巴集团

阿里巴巴集团控股有限公司（以下简称阿里巴巴集团）由曾担任英语教师的马云与其他来自不同背景的伙伴共 18 人，于 1999 年在中国杭州创立。从一开始，所有创始人就深信互联网能够创造公平的环境，让小企业通过创新与科技拓展业务，并更有效地参与市场竞争。自推出让中国中小企业接触全球买家的首个网站以来，阿里巴巴作为控股公司持有六大业务集团：淘天集团、阿里国际数字商业集团、云智能集团、本地生活集团、菜鸟集团、大文娱集团，以及各种其他业务。

阿里巴巴公益基金会

阿里巴巴公益基金会成立于 2011 年，是民政部主管的全国性非公募基金会。基金会以"天更蓝、心更暖"为愿景，积极践行国家战略，以专业公益理念和方法聚合、动员阿里巴巴集团及生态伙伴力量，推动科技向善，倡导人人公益，逐步形成以平台公益、乡村振兴和绿水青山为代表、扶老助残等六大项目体系，是阿里巴巴履行社会责任、实现公益愿景的设计者、服务者和守护者，致力于成为具有公共利益精神和社会价值创造力的现代化企业基金会。

行动概要

党的十八大以来，我国残障事业取得了历史性成就，残障群体基本民生得到稳定保障。另外，老年人、残疾人等弱势群体在获取信息及互联网服务方面仍然存在较大障碍，无法充分享受信息社会的红利。

为构建人人平等共享的信息无障碍交流环境，进一步促进信息获取有障碍的弱势群体融入信息社会，平等分享社会发展福祉，阿里巴巴集团在创就业无障碍、科技无障碍、志愿服务无障碍、生态助力无障碍等领域不断探索，通过对 App 进行无障碍升级，结合科技能力推出轮椅导航服务、研发智能 AI 手语翻译官、开设无障碍剧场，以免费电商赋能等方式助力残障群体创就业，并通过阿里巴巴公益平台、天天正能量平台等，帮助残障群体融入社会生活，为建设全面信息社会以及信息无障碍的可持续发展贡献力量。

二、案例主体内容

背景／问题

国家统计局发布数据显示，2023 年底，我国 60 岁及以上人口超 2.9 亿，预计 2025 年将突破 3 亿，此外还有 8500 万残障人士。这是一个庞大的群体，同样也是一个有着追求美好生活的愿望和权利的群体。数字化虽然为社会带来更方便的生活，但老年人及残障人士在使用数字化技术时仍存在一定程度的阻碍，甚至跟社会发展脱轨而形成"数字鸿沟"。

"信息无障碍"是指通过资讯化的措施，弥补身体机能或身处环境等原因造成的不足，确保每个群体都能够平等、方便及安全地获取和使用资讯。阿里巴巴集团积极响应联合国《2030 可持续发展议程》，在党的二十大精神指引下，阿里巴巴集团结合国家及残障群体所需，致力于通过创新科技收窄"数字鸿沟"，以普惠技术实现文明社会的信息公平与共享，让残障群体享受到更多的社会发展、科技发展的成果，生活得更好、更有尊严。

行动方案

创就业无障碍

无障碍就业是残障群体实现自身价值、融入社会、从根本上改善生活状况的重要途径。阿里巴巴集团结合互联网企业优势，不断创新就业模式及就业岗位，为残障群体搭建公平就业环境，助力更多的残障人士通过高质量就业融入社会。

推动残疾人电商创就业。数字商业突破了传统的就业壁垒，为残障群体提供了能获

以电商模式圆梦残疾人创就业

得更高收入的就业及创业机会。

　　2023 年 5 月，阿里巴巴公益基金会联动淘天集团商家运营团队发布了"万人残疾人商家创就业助力计划"，三年支持 1 万名残疾人商家，以免费电商赋能等方式助力残疾人互联网创就业。 截至 2024 年 3 月，该计划已服务了全国超过 4000 位残疾人商家。此外，阿里巴巴公益基金会设立了"创就业发展基金"，资助北京夏虹公益促进中心、山海关区肢体残疾人协会、感动中国 2022 年获奖人物陆鸿、全国脱贫攻坚先进个人杨淑婷等机构或个人参与创就业。阿里巴巴公益基金会还与浙江省残疾人联合会发起了"浙励播"项目，培养残疾人士主播，推广助残产品。

　　探索残障群体融合就业。 通过发挥平台业务优势，阿里巴巴集团积极为残障群体提供直接的就业岗位，持续推进缓解该群体就业压力。阿里巴巴集团自建办公楼均建设有完善的无障碍基础设施，为残障员工及访客提供便利。2023 年，共有 1451 名残疾员工在阿里巴巴及关联的大润发、菜鸟、盒马等业务板块工作。在中国残疾人联合会等组织的指导下，阿里巴巴云客服项目连续 9 年招募居家客服，目前在岗残障人士有 3304 名；饿了么为听障骑手上线了无障碍沟通系统，超 3000 名听障骑手通过平台获得收入。

科技无障碍

2019 年，阿里巴巴集团成立了阿里巴巴信息无障碍委员会，统筹规划和推进数字产品的无障碍和适老化改造，编制了《信息无障碍开发者指南》，帮助开发者更好地提升对无障碍的认知，从产品开发开始，把信息无障碍工作贯穿产品与服务的全周期。

阿里巴巴信息无障碍委员会

截至 2023 年底，阿里巴巴旗下的主要 App 均已完成无障碍和适老化升级改造，覆盖消费、出行、文娱、沟通等多种数字生活和办公场景。淘宝、饿了么、闲鱼、高德地图和优酷视频均被评为中国信息通信研究院的首批互联网应用适老化及无障碍改造优秀案例。阿里巴巴集团还向社会免费开放了 11 项无障碍和适老化升级改造相关专利，推动信息无障碍和适老技术的分享。

消费无障碍。在购物方面，阿里巴巴集团开发的读光"OCR"技术可以将淘宝 App 中商品详情图片上的文字转为语音，帮助视障人士实现"听图购物"。2023 年，淘宝和天猫 App 已服务视障用户超 32 万人。在订餐方面，饿了么为视障用户提供了读屏功能，让他们能够轻松地购买美食。在买菜方面，视障用户可以通过盒马 App 的读屏指引，滑动手指下单买菜。在买药方面，2022 年 6 月，阿里健康对外发布了一款盲文药盒，以帮助视障群体解决用药安全问题。2023 年 6 月，发布了全球首款带有"盲文—中文"转化功能和文字注音功能的定制字体，帮助提升在产品的包装设计、艺术创作等多个场景中盲文应用的便捷性，为视障人士与世界沟通搭建桥梁。

沟通无障碍。钉钉推出无障碍工作平台，帮助听障人士利用语音转文字、AI 实时字幕等技术，无障碍开展视频会议、直播、网课学习等活动。截至 2023 年 3 月，无障碍工作平台已覆盖中国聋人协会系统中的 31 个省份（港澳台除外）、80 多个城市听障人士的学习和办公场景。

云智能集团通过 AI 技术构建了既看得懂手语也会使用手语的数字人——小莫，在听障人士与健听人士之间搭起了沟通的桥梁。"小莫"已在支付宝上线，并参与了杭州第 4 届亚残运会上的手语翻译等工作。截至 2023 年底，"小莫"已覆盖西湖 46 个景区、658 个景点，并在南宋德寿宫遗址、中国茶叶博物馆等场所提供手语翻译服务。

出行无障碍。自 2017 年起，高德地图陆续上线了无障碍卫生间、无障碍电梯等无障碍导航信息。2022 年 11 月，高德地图推出了"轮椅导航"功能，自动为轮椅用户避开无直梯的地下通道、人行天桥等路段，让轮椅人群有了自己的专属出行导航。截至 2024 年 3 月，轮椅导航已覆盖北京、上海、杭州、成都、深圳、广州等 50 个城市。

高德地图"轮椅导航"功能覆盖全国 50 个城市

文化娱乐无障碍。2023 年，"读光计划"继续和中国盲文图书馆、浙江大学合作，联合启动"读光计划 2.0"。阿里云将免费提供存储和算力资源，推动该馆有声读物、电子图书、无障碍电影等文化资源全面上云，方便视障人士随时随地在线使用。全国视障人士在中国盲文图书馆借阅书籍时，均可由图书馆代为下单，享受由菜鸟提供的免费上门取还服务。

优酷上线"无障碍剧场"功能，以无障碍方式加工视听作品，消除视障人士观看画面的障碍。2023 年底，优酷"无障碍剧场"内容累计播放次数超 69 万次。

视障者使用优酷"无障碍剧场"

生态无障碍

帮助残障群体，不仅需要个人和企业的力量，更需要全社会的共同参与。除了自身和鼓励员工投身助残事业，阿里巴巴集团还联合合作伙伴，建立了合作互助的助残生态系统。

无障碍志愿服务。在无障碍志愿服务领域，阿里巴巴员工发起了多个关注助残议题的志愿服务团体，包括手语课堂、助盲跑团、关爱自闭症儿童的志愿服务团等，发起了千场活动，带动上万阿里巴巴员工参与。2023 年以来，阿里巴巴员工自发组织了 10 个助残公益幸福团，围绕残疾人的实际需求，联动上万名阿里巴巴志愿者为残疾人群体提供志愿服务。

助残公益项目。 截至 2023 年，阿里巴巴公益平台通过"公益宝贝"项目累计为残疾人就业、听障、视障、心智障碍等 25 个助残项目支持善款 1.28 亿元。

由阿里巴巴发起的"天天正能量"项目，旨在通过发掘、传播和奖励小而美的凡人善举，唤醒人心，激励善行。截至 2023 年，"天天正能量"项目累计超过 500 笔奖励与残疾人相关。

2023 年，27 万人次通过"人人 3 小时公益平台"成为无障碍环境建设法宣传员，上万人通过

2023 年，阿里巴巴公益基金会在公益伙伴支持下举办了"圆梦长城"助残公益行动

平台上的 30 多家志愿服务机构参与志愿活动。平台还联合高德地图发起了"轮椅导航爱心上报"志愿服务活动，为无障碍出行贡献力量。

此外，阿里健康于 2023 年在河北巨鹿县、阜平县落地 20 个"爱豆·康复健康小屋"，为弱势群体提供康复训练器械，累计服务 760 余人次；"小鹿灯儿童重疾救助平台"通过"主动救助"模式，为欠发达地区罹患重疾的残障儿童等提供经济、医疗等援助，截至 2023 年 9 月 30 日，在全国 32 省份 57 县 872 乡镇投入善款超 3062 万元，开展 70 场公益义诊，筛查患儿 22400 余名，累计救助患儿 1486 名、残疾儿童 233 人。

多重价值

社会效益

阿里巴巴集团用科技铸就了一条涉及网购、点餐、娱乐、社交、办公、就医等多种数字生活场景的数字"盲道"，给残疾人士和老年人的生活带来了更多便利：高德地图推出的无障碍"轮椅导航"功能让坐着轮椅的残疾人可以勇敢地走出家门，淘宝的"OCR"读图功能让视障人士用耳朵听图购物，达摩院的数字手语机器人"小莫"让听障朋友顺

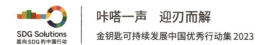
畅和别人沟通，优酷的"无障碍剧场"让视障人士理解影视内容、欣赏影视艺术……通过机制化的手段推动持续的技术创新。阿里巴巴集团持续打造方便残障群体使用的数字产品和服务，降低他们使用数字化工具的门槛，在弥合"数字鸿沟"、助力构建美好社会方面起到了积极作用。

经济效益

阿里巴巴集团探索的一系列信息无障碍措施为残障群体、企业自身与社会都带来了经济效益。通过打造信息无障碍的数字经济平台并为残疾人提供相关扶持计划、促进商品和服务的销售，阿里巴巴集团已支持数十万残疾人在旗下各个平台和数字化就业基地，通过电商、客服、外卖骑手、数据标注师等职业方式实现创业、就业，有效提高经济收入。与此同时，阿里巴巴集团旗下各 App 的信息无障碍升级也为企业带来了更多的用户，从而促进了企业社会经济的整体发展。

未来展望

包容、无障碍的社会环境是一个国家和社会文明的标志。推进无障碍环境建设高质量发展，是国家"十四五"规划和全面建成社会主义现代化强国公共服务领域的重要举措，也是确保不断满足人民日益增长的美好生活需要的重要途径，更是实现全民安居乐业、共同富裕、达成可持续发展目标的重要条件。

作为全球可持续发展目标的践行者，未来，阿里巴巴公益基金会、阿里巴巴集团将继续坚守帮助他人、"不让任何一个人掉队"的公益初心，持续发挥技术和服务能力，通过数字科技、平台生态和公益文化的力量给更多弱势群体带来数字化便利，与社会各方携手共建美好生活。

三、专家点评

"美好生活"是共同富裕的基本要素，是中国式现代化的核心内涵，是社会环境最优化的多元组合，是最美中国梦的夙愿以求；"一个都不能少"则是让每个人都平等共享的普惠权利，是"共同富裕"的目标追寻，也是人间大爱的承诺与表达。在这份美好中，我们感受到了"阿里人"的"志愿情"。

——十四届全国人大常委会委员、中国助残志愿者协会会长　吕世明

（撰写人：申志民、吴菊萍、徐筝、陈艳玲）

优质教育

施耐德电气

可持续发展课程走入小学，
为下一代种下"绿色"的种子

一、基本情况

公司简介

作为全球能源管理和自动化领域数字化转型的专家，施耐德电气业务遍及全球 100 多个国家和地区，为客户提供能源管理和自动化领域的数字化解决方案，以实现高效和可持续。施耐德电气的宗旨是赋能所有人对能源和资源的最大化利用，推动人类进步与可持续的共同发展，我们称之为 Life Is On。

施耐德电气推动数字化转型，服务于楼宇、数据中心、基础设施和工业市场。通过集成世界领先的工艺和能源管理技术，从终端到云的互联互通产品、控制、软件和服务，贯穿业务全生命周期，实现整合的企业级管理。

行动概要

施耐德电气"可持续发展少年课堂"是施耐德电气围绕联合国发布的 17 个全球可持续发展目标，为基础教育阶段的儿童量身定制的可持续发展互动课堂，包括 1 个可持续发展目标的整体介绍，及 5 个易于被孩子理解的目标课程，通过"理论＋实验＋实践"的形式传递可持续理念。"可持续发展少年课堂"项目自 2022 年推出以来，已走进北京、上海、武汉等地区的近 20 所小学，为近千名学生带来了 300 余节课。

"可持续发展少年课堂"项目借鉴了国际经验，结合可持续发展价值观和中国基础教育的现实，构建了具有中国特色的理论和实践框架，并获得了良好的反馈。在学校实施"可持续发展少年课堂"的过程中，施耐德电气汇集了多方力量共同推进项目的开展，促进了企业志愿者讲师专业能力的提升、有效教学的实施、学校支持性氛围的营造以及家庭中可持续发展目标学习的应用。

以青少年为主体的一系列可持续课程，在普及的过程中也充分重视其情感态度和价值观的培养。充分激发青少年的求知欲，采用多种教学手段，使青少年在教与学中积极主动，在求知中获取乐趣，在有趣中获取知识，在实践中提高关键能力。

二、案例主体内容

背景 / 问题

全面实施可持续发展战略刻不容缓。可持续发展即经济、社会资源与环境保护的协调发展，既达到发展经济的目的，又能保护人类赖以生存的自然资源和环境，使子孙后代能永续发展和安居乐业。全球对自然资源的不合理利用，造成生态的失衡以及环境污染，各种自然灾害频发，削弱了自然生态环境的承载能力，环境污染问题更不容乐观。基于此，若想妥善解决资源、环境与发展问题，唯一的选择是全面实施可持续发展。

可持续发展在全球范围内大力推广，我国积极响应。2015 年 9 月，193 个联合国成员国在联合国可持续发展峰会上通过了联合国可持续发展目标（SDGs）计划，旨在2030 年前实现全球可持续发展。我国也积极发挥负责任大国作用，带头落实全民可持续发展，取得多项进展。党的二十大报告提出"中国式现代化是人与自然和谐共生的现代化"，"坚持可持续发展，坚持节约优先、保护优先、自然恢复为主的方针，像保护眼睛一样保护自然和生态环境，坚定不移走生产发展、生活富裕、生态良好的文明发展道路，实现中华民族永续发展"等多个可持续发展指导思想。

教育在塑造青少年可持续发展观、推进可持续行动方面扮演重要角色，然而我国相关教育内容处于起步阶段。联合国相关会议报告指出：教育是推动可持续发展所必需的转型变革的最有力手段之一。联合国教科文组织（UNESCO）早在 2021 年就推出了"可持续发展始于教师"（Sustainability Starts with Teachers，SST）在线课程，旨在通过培养教师、提供可持续发展课程培训来推动可持续发展课堂的开展，培养儿童的可持续发展理念。2022 年，教育部印发了《绿色低碳发展国民教育体系建设实施方案》的通知，要求"绿色低碳生活理念与绿色低碳发展规范在大中小学普及传播，绿色低碳理念进入大中小学教育体系……"在国内现有教育中，虽然也有关注环境保护、社会责任等方面的内容，但形式多为单次授课，内容浅显，不成体系。目前，我国针对学龄阶段的儿童和青少年的可持续发展教育不够完善，亟待加强。

施耐德电气依托自身优势打造"可持续发展少年课堂"，补充国内可持续发展主题教育。施耐德电气一直将可持续发展作为企业战略核心，从产品的生产制造、与利益相关方的合作，到企业内部的硬件设施、员工志愿者活动的开展等诸多方面，积极推动企业的可持续发展。依托企业自身优势扩大可持续发展理念的传播，是企业应当履行的社会责任，也是施耐德电气一直探索的课题。介于目前国内的绿色教育课堂、可持续发展课堂亟待完善的问题，施耐德电气创新性地开展校企合作，依托自身优势打造"可持续发展少年课堂"，由员工作为志愿者老师走进校园进行授课，让广大青少年在校内能够接受可持续发展教育，传播范围由点到面，可持续发展由知到行。

行动方案

为树立广大青少年的可持续发展观，成为富有远见、敢于担当、怀有责任的下一代。施耐德电气引导孩子们关注、理解和反思身边的社会现象，鼓励孩子们从点滴小事做起践行可持续。依据联合国可持续发展目标和具体内容，施耐德电气结合企业的数字化特色和可持续发展战略核心开发了面向基础教育阶段儿童的"可持续发展少年课堂"，包括17个可持续发展目标的整体介绍课程，以及5个易于被孩子理解的目标课程，采用"理论＋实验＋实践"的模式，通过课程内容和小实验的操作了解可持续发展的必要性，并打卡课后的可持续行动深化可持续理念。

面向少年，赋能下一代，开校企间可持续发展教育合作先河

实现可持续发展需要继承与创新和青少年的广泛参与。因为他们是未来世界的建设者和可持续发展的重要推动力。施耐德电气将可持续理念的传播从业务场景延伸到校园，打造"可持续发展少年课堂"，知识赋能未来一代。基于此，施耐德电气与一线城市的重点小学积极展开校企合作模式的探索。以北京地区为例，员工志愿者走进"三点半"课后服务，为学生带来可持续发展趣味课堂。随着"可持续发展少年课堂"的不断推进，更多地区的学校不断发来进校邀请，且从最初的单次课程到固定频次的系列课程。校方认为这类特色课程让学校的课程体系和品质得到了升华，学生也学到了更多样的知识，

施耐德电气"可持续发展少年课堂"教学现场

开拓了视野。

开发系列课程，课堂寓教于乐，促进学生可持续习惯养成

项目在课程设计上选取与学生生活环境息息相关的联合国可持续发展目标，包含联合国可持续发展目标总览、良好的健康与福祉、清洁饮水与卫生设施、经济适用的清洁能源、负责任的消费和生产、气候变化共六个课题。员工志愿者走进校园，授课方式突破了传统的单方讲授，采用双方互动的方式，通过问答、实验等方式加深学生对环保的理解。例如，学生会在老师的指导下进行自制饮料、污水处理、太阳能发电、制造再生纸、模拟全球变暖的小实验，操作既简单又有趣。与生活相关的内容激发了学生在实验中思考人与自然的关系，深受启发。除了课堂本身，在课程设计上还将复习巩固与实践相结合，鼓励学生记录可持续行为。志愿者老师会在课程结束时给每位学生发放可持续桌游及践行卡片，以持续追踪学生可持续发展的落实情况，帮助其养成可持续习惯。因为学生不仅是单向输入的入口，更是主动输出可持续发展行为的载体，影响家庭、社区，乃至更多人行动起来。

从无到有，探索系统性可持续发展课程模式，实现项目闭环

目前，国内义务教育阶段对于可持续发展教育尚未大范围普及，青少年对全球可持续发展的关注与了解较为缺失。因此，施耐德电气探索出了一套完整的闭环课程体系。在课前，积极发挥自己在可持续发展领域的核心优势，结合联合国可持续发展目标，量身打造适合基础教育阶段儿童的课程内容，目前已开发了12课时，课程覆盖一至六年级；在课堂中，施耐德电气员工志愿者作为主讲及助教老师，在经过教师培训后，将理论讲解、多媒体教学及动手实验三维方式有机结合，引导学生真正理解可持续发展理念；在课后，学生为实现可持续发展目标做出承诺，参与相应的实践打卡环节。在巩固学生的

学习成果、促进学生可持续发展习惯养成的同时，引导学生关注全球正在面临的挑战与自身的联系，思考该如何行动并解决问题。

多重价值

多方发力，发展模式可持续

施耐德电气通过开展校企合作，探索出可持续发展教育新模式。号召具备专业知识与高素质的近百名施耐德员工志愿者担任讲师或助教，活动实施成本相对低且运营高效、合作流畅，员工通过参与公益活动既向青少年传播可持续发展知识，同时加深了个人对可持续发展理念的理解，将其内化于心、外化于行，增强了对公司价值观的认同与归属感。2022~2023 年，施耐德电气对近 20 所学校免费引进可持续发展课程，校方反馈此种合作模式既惠及学生，又开拓了校企间的良性互动。

深受喜爱，理念普及效率高

"可持续发展少年课堂"自 2022 年推出以来，已为近千名学生带来了 300 余节课程。由于课程内容基于联合国可持续发展目标开发，考虑了学龄阶段儿童的特点，注重认知与实践的结合。因此，一经推出广受学校、学生及家长的喜爱，使可持续发展理念广泛传播。学生纷纷反馈课堂内容有料、动手实验有趣，未来要向更多人介绍可持续发展理念，推动可持续发展的普及与践行。

施耐德电气"可持续发展少年课堂"项目合影

以点带面，影响人群范围广

"可持续发展少年课堂"不止是学校与企业的合作，更是创造人与人之间的连接，一名志愿者老师将会影响不止一名学生，学生从课堂学习到可持续发展的知识，再将知识分享，以身作则，从观念到行动上都会影响身边的伙伴与父母，一名学生影响一个家庭，一个家庭将会影响一个社区，凝聚多方力量，大家共同践行可持续发展理念，达成可持续发展共识，在多个场域同频共振，助力中国实现可持续发展。

未来展望

未来，施耐德电气"可持续发展少年课堂"将逐步开发涵盖更多联合国可持续发展目标的系列课程，同时开发中学生系列课程，将授课对象扩大至整个义务教育阶段，让更多学生受益，学习可持续发展相关理念及知识。此外，"可持续发展少年课堂"将逐步完善评价机制，评估教师授课情况，评估学生对可持续发展目标的理解和实践能力，开发"可持续发展少年能力框架"，进一步通过可持续发展课程提升学生的批判性思维、创新能力、沟通能力、团队合作能力、前瞻性思维能力等，促进学生的成长。同时，施耐德电气将逐步与社区和企业建立合作关系，实现合作伙伴多元化，在扩大"可持续发展少年课堂影响力"的同时，让学生了解社会各方面在可持续发展中的角色和责任。

三、专家点评

施耐德电气"可持续发展少年课堂"在我校反响热烈，同学们非常期待志愿者老师的到来，学校课程体系也得以更加丰富和完善。志愿者讲师授课生动专业，课程内容精心编排，可见团队用心至深。

——高级教师，北京第二实验小学朝阳学校　陈筱梅

可持续发展少年课堂使学生能够从小了解联合国可持续发展理念，树立可持续发展意识，践行可持续行为。于社会、国家意义深远，为培养具有可持续发展理念的下一代做出了重要贡献。

——北京市语文特级教师，北京中学小学部　呆振洪

（撰写人：张懿、韦雪）

优质教育

国网山东省电力公司枣庄供电公司
"红石榴计划"
——可持续机制助力实现教育帮扶资源最大化

一、基本情况

公司简介

国网山东省电力公司枣庄供电公司（以下简称国网枣庄供电公司）多年来致力于推动联合国可持续发展目标落实，聚焦"消除贫困、清洁能源"等领域，推动可持续发展目标与企业业务运营管理相结合。探索构建"三全四化"管理推进机制，将社会责任管理成功根植于业务运营、职能管理和岗位职责。国网枣庄供电公司先后形成了 71 个社会责任根植项目典型案例，连续 14 年编制、发布《履责行动书》。创新开展特色实践，培育了"红石榴计划""彩虹天使""鲁班在行动"等履责实践品牌，"红石榴计划"志愿服务团队获国网公司"感动电力"团队奖、中国青年志愿者优秀组织奖。国网枣庄供电公司先后荣获"全国文明单位""全国模范劳动关系和谐企业""全国电力系统最具社会责任感企业""山东省首批履行社会责任达标企业"等称号。

行动概要

针对资源枯竭型城市转型中产生的以留守儿童为主的困境儿童教育问题，国网枣庄供电公司打造了"红石榴计划"教育帮扶品牌，通过建立可持续管理机制、明确"五心同行"活动内容、创新抱团履责形式、持续开展特色实践等做法，实现教育帮扶体系化推进、常态化进行、品牌化运营、社会化覆盖、示范化引领，将一项单纯自发开展的教育帮扶活动拓展为供电公司引领、社会多方参与的可持续公益行动。1998~2023年，活动已经持续了25年，打造了"全国三八红旗手""中国好人"等一批优秀的教育帮扶队伍。截至2023年底，累计建成19所留守儿童活动站、14座"希望小屋"、6间"电力爱心教室"，教育帮扶儿童953名，被中共中央宣传部列为重大宣传典型，新华社、《光明日报》、中央电视台等媒体进行了系列报道，获评"第十三届中国青年志愿者优秀组织奖"。

二、案例主体内容

背景/问题

自2011年起，随着社会经济发展和产业结构调整，枣庄市大量人口离开家乡在外打工。据枣庄市统计，父母均在外打工的留守儿童数量近3万人，以留守儿童为主要群体的困境儿童教育问题亟待解决。其中，有的亟待物资救助，有的呼唤心理疏导；既有安全教育的需要，也有权益维护的诉求。实现因人施策的"精准教育关爱"，有赖于专业力量的投入。以前，国网枣庄供电公司对困境儿童也有开展帮扶活动，但活动开展缺乏系统性、协同性和品牌性，亟须一个协同社会多方参与的可持续发展机制，以实现资源利用的最大化。

行动方案

建立可持续机制，实现教育帮扶体系化推进

建立健全教育帮扶活动可持续长效管理制度。

一是明确"1+1171"的顶层设计，由国网枣庄供电公司党委主抓总体工作策划和方案制定，1个部门党建部负责活动的发动、协调和日常管理工作，17个爱心小组负责活动的具体开展实施，建立1套教育帮扶建设评价体系，将教育帮扶纳入评选树优和推荐入党的必备项，实现了品牌运营由"趋势"向"系统"发展。

二是统一项目标识，依托枣庄18万亩"冠世榴园"的地域实际，借喻"红石榴"红红火火、激情饱满、孕育希望的精神内涵，建立了"红石榴计划"公益教育品牌，设计推广统一的"红石榴计划"品牌标识。

三是强化全过程管控，坚持有战略、有预算、有研究、

有程序、有管理、有反馈、有监督、有改进原则编制《"红石榴计划"教育帮扶公益行动手册》，建立健全"红石榴计划"在理念、行动、应用场景等方面的管理准则和运营流程，努力让每一份爱心都能最大限度地创造最大价值。

聚力"五心同行"行动，实现教育帮扶常态化进行

充分挖掘了解不同相关方的关注点，策划相应的活动以及参与方式，明确"五心同行"为主要活动内容，满足不同相关方的诉求。

一为"爱心"，责任让爱温暖，让留守儿童感受"爱心"。为每位帮扶儿童建立成长档案，全面了解他们的家庭、学习、生活情况。制定"一检查三询问五教育"制度，在生活上照料、思想上引导、学习上辅导、心理上疏导、行为上教育儿童，弥补他们在物质生活、身心健康等方面的缺失。

二为"安心"，责任让爱放大，让外出家长"安心"。通过电话、微信、微博等方式，定期向在外务工家长传递帮扶儿童生活成长信息，让不在家的父母"回家安心、离家放心"。

三为"同心"，责任让爱搭桥，与学校联手教育"同心"。秉承着"授人以鱼不如授人以渔"的理念，关注孩子们自我发展能力的提高，与学校联手，充分利用单位、职工资源，提供机会让其参与勤工俭学、社会实践、志愿服务等项目。

四为"放心"，责任让爱延伸，让留守老人"放心"。针对留守儿童家中的留守老人，开展"放心行动"。为留守老人发放用电服务卡，建立供电服务档案，定期上门服务，及时解决用电难题，让留守老人对用电放心。

五为"善心"，责任让爱牵手，让更多员工激发"善心"。在自愿参与的前提下，建立积分激励制度，积极引导和鼓励员工投身社会公益活动。优化志愿积分评价细则，推行积分兑换"微心愿"，并将积分结果与评先树优挂钩。让善心互相激发，培育出更多的道德楷模与爱心团体，发扬"善小"精神，让"人民电业为人民"企业宗旨更加深入人心。

创新抱团履责形式，实现教育帮扶社会化覆盖

国网枣庄供电公司大力倡导社会多方抱团帮扶，积极对接社会资源，充分发挥政府部门、教育系统、外部专家、留守儿童所在学校、新闻媒体、义工联盟的优势，从机制保障、专业培训、传播沟通等方面入手，将一项单纯自发开展的教育帮扶活动拓展为供

电公司引领、社会多方参与的社会履责新行动。

一是与教育系统携手。 与枣庄市教育系统联手，形成多部门联动的机构保障体系，积极调研教育系统关注需求，"点单式"开展帮扶活动，确保活动顺利开展。

二是与外部专家携手。 建立"红石榴计划"专业培训制度，聘请妇联、团委、义工联盟、枣庄市心理咨询与治疗协会为"辅导员"，建立"志愿服务导师库"，定期邀请儿童心理教育专家、志愿服务协会专家对志愿者进行培训，对活动进行监督指导，大大提升志愿服务的专业化水平。

三是与所在学校联手。 共同编制《儿童安全教育手册》，提炼出"日常安全注意事项""学会保护自己""养成良好的习惯""儿童安全歌谣"四个方面的内容，用简单精炼的语言、色彩丰富的配图，吸引孩子们主动阅读，帮助他们养成良好的生活习惯、安全意识、学习习惯和行为礼仪。

四是与新闻媒体联手。 与当地民众、媒体友好互动，策划开展形式多样、沉浸感强的体验活动，与枣庄市电台合办"快乐起航"栏目，邀请帮扶儿童参加播音，传播"红石榴计划"的主要活动，吸引社会各界关注留守儿童群体；与《枣庄晚报》联手合办"红石榴"小记者栏目，依托"留守儿童活动站"前后选送42名儿童小记者，加入《枣庄晚报》小记者行列，帮助孩子开拓视野，让更多的人关注并参与"红石榴计划"。

持续开展特色实践，实现教育帮扶示范化引领

紧密结合上级部署和当地社会需求，着力开展特色公益实践，不断丰富"红石榴计划"的内容，发挥中央企业的影响力、带动力、示范引领力，带动更多的社会资源投向公益事业。

1998年，枣庄市妇联开创性地发起了"代理妈妈"活动，在全市组织了"百名孤儿认妈妈"活动。国网枣庄供电公司员工吕秀芝、孙建华和高秀芳分别认领了台儿庄区泥沟镇洪庄村的孤儿贾凤芝、山亭区水泉乡花石岭村的孤儿张晓兰、山亭区葫芦套村

志愿者在留守儿童快乐成长活动站开展活动

的困难儿童杨雪，是当时全市一次涌现"爱心妈妈"最多的企业，掀起了供电员工投身帮扶活动的热潮。

2011年，与枣庄市教育系统联手，协调留守儿童相对集中的农村小学，在全市建成19个"留守儿童快乐成长活动站"，与留守儿童结成帮扶对子，成为关爱留守儿童的主要活动阵地。统一活动站建站标准，每所活动站根据面积不同，配备至少12人的桌椅、300册书籍、1台电脑、10余种文体用品等设施，每年定期组织各项暖心活动150余次，实现全市各区县全覆盖。

2020年起，国网枣庄供电公司积极响应共青团山东省委要求，自捐自建了14座保障孩子拥有独立学习和成长空间的希望小屋，这在全市尚属首家。从选择住房的向阳间到参与房间设计改造，再到精心挑选房间用品，"红石榴计划"志愿者坚持自捐自建，全程保证建设标准和质量。隔开的单间、崭新的书桌、舒适的小床、明亮的台灯、宽敞的衣柜、完全独立的学习成长空间，给孩子们送上了一个大大的惊喜。

首批希望小屋启用仪式

2023年5月18日，国网首批、山东省首个"电力爱心教室"在枣庄市薛城区陶庄镇夏庄小学正式揭牌。2022年8月，对薛城区陶庄镇夏庄小学6间教室进行"电力爱心教室"改造，累计完成 72 盏教室灯和 18 盏黑板灯等设施改造。此外，还特别打造电力体验教室，配备范式起电球、手摇发电机等电力实验设备，捐赠教育书籍 200 册、文体用品 80 件。教室建成启用以来，"红石榴计划"志愿者先后开展"安全用电常识""电力体验课堂""争当小小雷锋""缅怀先烈跟党走""心理健康讲堂""点亮微心愿"等形式多样的活动，在点滴行动中让孩子们健康快乐成长。

志愿者在"电力爱心教室"开展
电力体验课堂

志愿者在"电力爱心教室"带领孩子们
VR"云"游博物馆

多重价值

建立了全社会共同关注并参与解决困境儿童问题的持续机制

1998~2023 年，由自发参与的"爱心妈妈"活动升级为有规模、有组织、有影响力的"红石榴计划"志愿服务品牌，三三两两的"爱心妈妈"壮大为 17 个爱心小组、565 名注册志愿者，从失亲孤儿扩充至以留守儿童为主的困境儿童群体，金钱资助、探望关怀衍生了 19 所留守儿童活动站、14 座"希望小屋"、6 间"电力爱心教室"，以及每年 150 余次的帮扶活动。枣庄市教育局、妇联、市义工联盟、高校大学生等政府、行业和市民积极参与到"红石榴计划"活动中。新华社、中央电视台、《光明日报》等中央媒体对"红石榴计划"公益项目进行了连续报道，团队故事亮相首届中国公益慈善项目交流展示会、第十二届中国企业社会责任国际论坛等，引起了社会各界对当地留守儿童问题的广泛关注，实现了"1+1 > 2"的效果。

打造了一批优秀的投入教育帮扶的员工队伍

"全国三八红旗手""感动国家电网十大人物"邱丙霞，10 年间领养了 9 名儿童，"十个孩子一个妈"创出了爱心纪录，被《光明日报》连续 6 篇报道；"公益之星"武勇，

14 年如一日坚持帮扶，"儿子"考取了武汉大学研究生，他们的故事入选了《人民日报》"100 人的中国梦"专题；"中国好人"李明强，化名"莫言"坚持捐款 20 年，汇款单连起来长达 36 米，登上了《人民日报》；"爱心电工"刘平义开设"爱心水饺店"，盈利收入全部用于教育帮扶，2022 年春节，勇救落水儿童的事迹在国资小新广为传播。

产生了留守儿童改变命运并反哺社会的良好效果

在帮扶的 953 名儿童中，无数孩子因为得到"红石榴计划"的帮助而改变了命运，阻断了贫困的代际传递。1 名儿童考取了武汉大学的研究生，400 余名孩子获得了本科以上学历，130 余名孩子回到了枣庄市，在政府、学校、企业工作。作为"红石榴计划"的受益者，他们中的 75 人成为"红石榴计划"的注册志愿者，用感恩的心反哺社会，将爱心接力棒传递了下去。

未来展望

未来，国网枣庄供电公司将持续深化"红石榴计划"特色品牌鲜明印记，更多关注孩子们的"心理健康"和"文化自信"。制作标准化课件，形成可复制可推广的典型经验，打造枣庄样板。

三、专家点评

枣庄供电公司通过规范化管理和可持续机制，将关爱留守儿童项目常态化，实现了"爱心接力"和共享价值的持续传递。

——中国社会科学院工业经济研究所研究员　肖红军

项目关注了乡村振兴的话题，让我极为感动。关注了目前亟须关注的留守儿童问题，通过建立可持续发展机制，吸纳了社会各界强大力量，项目得以持续 25 年。

——亚太可持续发展教育中心主任　史根东

做一件善事不难，难的是做一辈子善事。"红石榴计划"行动从环境和心理上都改善了困境儿童的处境，而且实现了爱的传递。帮扶对象中有 75 名成为新一代的"红石榴计划"志愿者，有 130 余名孩子回到了枣庄市，在政府、学校、企业工作，为家乡发展贡献力量。

——枣庄市妇联　王玉佳

（撰写人：曹凯、吕显斌、齐洁莹、鞠同心、关健）

拜耳（中国）有限公司

拜耳"云支教 STEAM 乡村小课堂"助学计划

一、基本情况

公司简介

拜耳是一家总部位于德国、具有 160 年历史的创新企业，在生命科学领域的健康与农业方面具有核心竞争力。在医疗健康方面，随着人类预期寿命的不断延长以及人口的持续增长，拜耳专注于通过在预防、诊断、缓解和治疗疾病方面的研发创新来改善人们的生活质量；同时，拜耳还凭借突破性创新引领农业的未来发展，帮助农户及消费者获得健康、安全、可负担的食物，并努力优化生产过程对社区、对环境友好，倡导绿色发展理念。在全球，拜耳品牌代表着可信、可靠及优质。

作为最早进入中国的跨国企业之一，拜耳深耕中国多年，秉承可持续发展理念，肩负企业社会责任，承载着"在中国、为中国"的初心，履行在华承诺，身体力行地支持国家政策，其"共享健康，消除饥饿"的使命也与当前国家的重要战略方向，如"健康中国""乡村振兴""共同富裕""碳中和"等高度契合。凭借在医疗健康与农业科技领域的专长，拜耳在核心可持续发展领域实施着一系列重要举措和切实行动。

行动概要

2021 年，拜耳企业志愿者组织——拜耳中国志愿者平台携手公益合作伙伴正式发起"云支教 STEAM 乡村小课堂"助学计划（以下简称拜耳"云支教"），旨在针对边远地区义务教育适龄儿童的科学和素质教育缺口，提供具备多样性、科学性、趣味性的优质教学内容，将营养健康和环境保护等科学知识融入乡村课堂，以高质量教育赋能"乡村振兴"的同时，积极响应"健康中国""可持续发展议程"等国家发展理念。

拜耳"云支教"助学计划聚合企业、公益组织及政府部门的优势力量，借助"互联网＋教育扶贫"的数字赋能模式，支持并指导超百名拜耳员工志愿者以规范化授课标准质量向乡村儿童输送可重复观看学习的个性化课程，并解除地域、时间、资本限制，有效扩大优质教育资源辐射面，帮助更多乡村孩子获得优质教育的机会，促进教育公平。

二、案例主体内容

背景／问题

中国乡村教育面临实现全面覆盖困境

作为一家在全球运营的生命科学企业，拜耳始终坚守基于可持续发展原则的社会承诺，坚持在关注财务绩效的同时，为社会和环境带来积极影响。拜耳在华 140 多年的发展历程中，深刻认识到促进全民公平享有包容、多元的优质教育机会，是改善人民生活和实现可持续发展的基础。拜耳响应中国多项战略指导方针，开展教育帮扶工作的同时，也观察到中国人口分布特点致使乡村教育全覆盖成为实现中国优质教育普及这一可持续发展目标的关键所在。

《中国农村教育发展报告 2020—2022》显示，2020 年义务教育在校生达 1.56 亿人，义务教育阶段学校有 21.1 万所，其中乡村义务教育学校有 100326 所。而乡村适龄儿童基数大、地域分布广、教育重视程度不等是当前推进乡村教育全覆盖的难点之一。

师资力量不足导致乡村素质教育壁垒

乡村教师作为发展公平质量乡村教育的基础支撑，扩大乡村教师队伍、提高师资教学水平是乡村教育振兴的根本。但是目前中国乡村教师老龄化、资源配置不均衡、结构性缺员等问题仍较为突出。

此外，拜耳在多次支持和开展志愿项目中发现，乡村教育环境刺激弱，与外界接触机会少，因此各个偏远地区的儿童都不同程度地存在科学知识不足、认知能力低等现象。

而最有效且能直接改善现状，帮助其提高身心健康、拓展多元智能的农村中小学素质教育课程和专业教师却普遍短缺，如环境保护、健康营养、历史文化等专项教育课程的教师。

短期的乡村支教模式缺乏可持续动力

经长期观察，拜耳发现传统短期支教存在团队专业能力参差不齐、延续管理机制不健全等问题，且所需承担的时间成本和距离限制始终无法得到妥善解决。

不具备专项教育知识：以往支教活动的主要参与者大多为在校大学生，缺少儿童健康、卫生保健这类主题课程的素质教育经验和系统支教培训，难以平衡不同年龄段的学生对知识的接受度和理解度，传授素质类教育知识的专业性和有效性存在局限。

支教课程编排不完善：短期支教项目由于时间和人员流动的限制，通常缺乏完整的课程体系，在导致教学内容与日常课程存在差异的同时，缺乏连贯性和实用性。

实地支教成本负担大：目前，我国支教点大多为偏远的乡村地区，几乎没有直达的交通工具，需要花费在交通和食宿上的时间及经济成本成为支教活动难以长期开展的原因之一。

行动方案

数字联通云端，打造支教"互联网 +"模式

拜耳"云支教"助学计划运用"互联网 + 教育扶贫"模式，融合互联网、在线直播教学系统（如 ClassIn）、云端课堂等数字技术，打造"拜耳云支教 STEAM 乡村小课堂"，让高质量的教育资源能够低成本地向乡村及偏远地区输送，有效提升优质教育全面覆盖率的同时，为乡村学校搭建与外界交互教育信息的桥梁，以进一步促进教育公平。除直

拜耳员工志愿者通过 ClassIn 在线直播教学系统在线授课

播教学外，线上课程的录制服务为更多具备不同专业知识背景的员工志愿者提供便捷、高效的授课平台的同时，能够让更多的学生学习观看并自主选择学习内容，实现教育者与受教育者间的云端互动，帮助开展精准、个性化的教育帮扶工作，拓宽乡村教学的内容和维度。

汇聚个人特色，建设拜耳优秀课程中心

拜耳"云支教"助学计划根据拜耳员工志愿者的背景、经验、特长及能力，组建了多个课程研发、编写和授课小组，通过规范化培训和教学指导，充分发挥拜耳员工在生命科学领域不同方面的专业知识优势，以营养健康、环境保护为主题，辅以由"有爱有未来"公益组织提供的科学、历史、地理等课程资料和线下走访获得的乡村教育需求汇总进行系统化课程编排，在丰富乡村课堂多样性的同时，激发受教学生的参与热情。

所有课程将通过云储备数字技术汇编成"拜耳云支教 STEAM 乡村教育素质课程"，为拜耳"云支教"助学计划的持续开展储备优质课程资源，以支持更多拜耳员工、乡村学校及其他志愿者提供高质量的乡村教育助学服务，入住乡村课堂，扩大优质教育资源的覆盖面。

聚合多方力量，推动乡村教育可持续

拜耳"云支教"助学计划汇聚企业、公益组织及教育部门等多方力量，以降低志愿行动成本和志愿者精力负担为核心，通过与乡村学校，当地县团委、教育局等的协调和统筹，最大限度地完善支教活动细节，形成优势互补、长续发展的乡村教育精准帮扶实践典型，为中国乡村推动教育水平可持续提升提供创新解题思路。

另外，拜耳"云支教"助学计划不仅为乡村儿童带来了与外界交流发展的机会和不一样的课堂体验，也给乡村教师在沟通和教学技巧方面提供了新颖的启发，为当地学校自主开展健康科普和科学教育提供了参考样本，有助于提升乡村教育可持续发展的自主性。

数字化教育赋能模式

项目突破成本、地域和空间局限，通过构建规范化云支教端口（ClassIn 直播教学系统），建立灵活的、可拓展的云端课堂储备（"拜耳云支教 STEAM 乡村教育素质课程"），并借助学校现有终端设备实现优质教学资源的覆盖面扩展，以可重复选用的优质教育资源降低教育成本，加速促进全民享有公平的学习机会。

多重价值

2021~2023 年，拜耳"云支教"助学计划点对点帮扶青海省以及云南省乡村小学，共计 200 名志愿者报名参与。截至 2023 年底，共完成 50 课时在线直播课程、20 课时录播课，开展包括水资源保护、营养健康方面等系列素质教育和健康教育课程，累计提供志愿服务时长 2320 分钟。直接受益学生近 200 名，间接受益学生近 2000 名。

拜耳"云支教"助学计划为乡村优质教育普及构建了可持续的数字赋能模式。拜耳在充分发挥企业自身生命科学领域专业优势的同时，着眼数字技术对健康科普和素质教育的创新赋能效益，以可控成本推动城乡教育优质均衡发展，助力"乡村振兴"软实力的可持续提升，夯实共同富裕基础。

而该助学计划不仅为企业与公益组织、政府部门的协同合作提供了标杆性参考价值，也通过多元化传播引导社会多方力量关注乡村素质教育资源的提质增效对于促进优质教育公平的重要性，有助于未来更多乡村儿童获得高质量教育机会，也为促进中国全民文化水平和健康素养提升带来了长远影响。

未来展望

根植中国 140 多年来，拜耳与中国这方土地同呼吸、共命运。拜耳"共享健康，消除饥饿"的企业使命与当前国家的重要战略方向高度契合。未来，拜耳希望持续依托自身在医药健康领域的核心竞争力，携手各方共同参与，结合志愿服务聚焦领域，走进更多社区以触达更多人群，践行拜耳的可持续发展承诺和理念，全面助力和传递可持续发展的社会影响力。同时，拜耳努力实现 2030 年的集团可持续发展目标，促进人民健康与福祉，与中国共同实现繁荣、可持续发展的未来。

三、专家点评

拜耳支持和响应 SDG 优质教育倡导，连续两年开展"云支教 STEAM 乡村小课堂"项目，发动员工志愿者，为乡村学校提供可持续的 STEAM 课程，帮助乡村儿童获得学习和深造机会，提升综合能力。拜耳以实际行动践行企业社会责任，以创新的教育模式助力乡村振兴，为企业深入参与中国教育发展贡献榜样力量。

——CSR 中国教育联盟 / 中国大学生知行促进计划 秘书长 夏军

（撰写人：拜耳（中国）有限公司）

> 可持续消费

美团外卖

从"无需餐具"到"适量点餐"
建设人人可参与的可持续消费场域

一、基本情况

公司简介

美团外卖是美团旗下网络订餐平台，自 2013 年 11 月正式上线以来，秉承"帮大家吃得更好，生活更好"的使命，始终聚焦消费者"吃"的需求。通过科技连接消费者和商家，依托庞大的骑手团队，搭建起覆盖全国 2800 个市县的实时配送网络，为消费者提供品质化、多样化的餐饮外卖服务。

美团外卖已经成为全球领先的餐饮外卖服务提供商，在加强平台自身建设的同时，致力于运用数字化技术推动餐饮行业的供给侧结构性改革，协同商家、用户和骑手等产业链上下游共同打造互惠共赢的合作生态，让餐饮行业在数字化时代焕发新的生机，让消费者拥有更加轻松、便捷、高效的用餐体验。

行动概要

2017 年，美团发起外卖行业内首个关注环境保护的"青山计划"，并秉承"更好生活、更美自然"的愿景，不断更新迭代，形成了绿色包装、低碳生态、青山科技、青山公益四大板块，推动构建外卖行业全价值链绿色低碳消费生态，助力国家和社会低碳转型。

美团外卖致力于构建一个"商家—平台—消费者"可持续生态圈，通过建立约束和激励机制，促进平台商户践行可持续经营理念；通过产品设计、宣传倡导，引导消费者践行可持续消费理念；通过促进不同利益相关方之间的对话,合力解决外卖行业可持续发展难题。

二、案例主体内容

背景 / 问题

可持续消费是消费领域的一场深刻变革,关系到生产生活方式的绿色低碳转型。让绿色消费理念深入人心,让每个利益相关方都能在绿色消费的浪潮中贡献自己的一份力量,是餐饮外卖乃至整个消费领域绿色转型发展的关键。

随着互联网的不断发展,食品营销方式、消费方式也在不断变化,外卖点餐等线上消费的规模越来越大,几乎占据了餐饮消费的半壁江山,甚至还有进一步增长的态势,是推动可持续消费理念落地的一股重要力量。作为外卖平台企业,美团外卖链接了数百万的商家和数以亿计的消费者群体,如何在平台上构建起商家积极行动、消费者主动作为的可持续生态圈,既是美团外卖的责任,也是践行可持续发展的必由之路。

行动方案

2017 年,美团发起了外卖行业内首个关注环境保护的"青山计划"。秉承"更好生活、更美自然"的愿景,"青山计划"不断更新迭代,形成了绿色包装、低碳生态、青山科技、

"青山计划"绿色低碳行动全景

青山公益四大板块，推动构建外卖行业全价值链绿色低碳消费生态，助力国家和社会低碳转型。

创新机制，促进可持续生态圈的构建

"青山计划"致力于构建一个"商家—平台—消费者"可持续生态圈，通过约束和激励机制，促进平台商户践行可持续经营；通过产品设计、宣传倡导，引导消费者践行可持续消费理念；通过促进不同利益相关方之间的对话，合力解决外卖行业可持续发展难题。

将可持续消费理念纳入平台机制和产品设计。将环保条款纳入商家协议，建立规则强化"无需餐具订单"执行管控，并对积极支持"无需餐具"功能等环保行为的商家进行流量扶持。通过互动设计、界面优化、奖励回馈等设置，将降低外卖环境影响、减少食品浪费等环保理念嵌入产品设计运营，引导商户和消费者共同助力餐饮行业可持续发展。

带动餐饮商家可持续转型。美团联合餐饮行业发布了《可持续餐饮商户指南》及配套《实践手册》，提出了四大行动方向、十三项行动举措，持续促进商家可持续运营能力建设。通过约束和激励机制，引导商户做好低碳经营、践行绿色承诺。上线"商家青山档案"产品功能，针对积极支持"无需餐具"功能、上线"小份菜"的商家，为其点亮环保勋章并鼓励餐饮商家在"商家青山档案"中分享环保实践。

引导消费者践行绿色生活。持续增加人人可参与的产品功能触点，配合激励机制、宣传倡导等措施，引导消费者践行可持续消费理念。2023 年 4 月，美团碳账户上线，用户通过美团 App 识别吃干净的餐盘、点餐时选择小份餐食、点外卖时选择"无需餐具"都能获得相应的碳积分；将每月最后一天定为"美团外卖环保日"，从 2018 年起，利用美团外卖 App 等资源，联动公益组织、行业协会、商家等，发起"无需餐具"、垃圾分类、减少食品浪费等多项环保倡导。

靶向聚焦，精准发力推动节约粮食新风尚的形成。美团外卖聚焦节约粮食，发挥平台示范引领作用，推出切实举措，全方位促进形成"厉行节约、反对浪费"的良好风尚。在外卖点餐、提交订单和完成订单的全流程中，突出"适量点餐"提示；优化用户反馈机制，强化餐品分量信息公示，发布《助力粮食节约餐品分量信息描述指引》，引导商家以更加准确、易于理解的方式，有效传递餐品分量信息，便于消费者作出合理的消费决策；多种方式激励商户供给"小份菜""小份饭"，上线"小份餐食专区"；开展多形式、多渠道宣传倡导，营造线上线下理性消费、适度点餐、杜绝浪费的社会氛围。

商家青山档案　　　　　美团碳账户　　　　　小份餐食专区页面

主动探索行业塑料污染共治新模式

"青山计划"深入开展外卖包装"生产—流通—使用—废弃—处置"全周期环境影响评估，确立"减量、替代、回收"并重的塑料污染治理思路，形成了覆盖产业链上下游、带动各环节参与方共治的绿色包装实施路径。

凝聚行业共识，推动绿色包装标准化体系建设。"青山计划"积极参与绿色包装标准化建设，已累计牵头或参与了8项国家标准和团体标准的制定工作。

源头减量。2017年，美团外卖在行业首推"无需餐具"功能，此功能先后迭代十余次，倡导用户的一次性餐具减量化意识并践行行动。

扩大前端供给，支持绿色包装创新和供应链建设。针对绿色包装产品性能欠佳、成本较高、市场认知不足、流通渠道不畅等问题，"青山计划"着力支持绿色包装创新及供应链建设，扩大应用场景、推动产业发展。

探索后端处置，促进餐盒规模化回收和再生利用。针对餐盒回收体系中存在的分类难、规模回收难、附加价值低等痛点，美团联合各方进行垃圾分类宣导、大数据优化选址、支持收运基础设施建设，在厦门、上海、北京等城市已建成或在建规模化、常态化餐盒回收项目。将回收后的塑料餐盒做成美团单车挡泥板、晨光碳中和文具、名片、编织袋等，持续探索塑料餐盒的再生价值，推进塑料循环经济。

多方聚力推动社会绿色低碳转型

设立青山科技基金，支持科研及成果转化。2021 年 6 月，美团投入 5 亿元发起公益性的青山科技基金，助力绿色低碳创新技术研发及成果转化。资助方向包括鼓励更多青年科研工作者投身环保科研的"青山科技奖"，关注创新成果产业化的"科创中国"环保科技创新示范项目。截至 2024 年 3 月，"青山科技奖"已完成三届，共支持 29 名在绿色低碳材料、碳捕集及资源化利用、新能源及储能、降碳减污协同控制等领域开展前沿探索的青年科学家。

发起青山公益行动，资助环保项目落地。2017 年，美团联合中华环境保护基金会设立青山公益专项基金，2018 年发起青山公益行动，汇聚爱心商家，依托环保社会组织的经验和资源落地环保公益项目。

多重价值

美团通过多项创新举措，在可持续发展方面创造了以下几个方面的价值（注：以下统计数据均截至 2023 年 8 月）。

扩展可持续消费参与方，建设人人可为的可持续消费场域

消费者：已有 3.6 亿消费者参与青山计划"无需餐具"行动。"无需餐具"功能上线五年，订单占比增长近 40 倍，累计减碳超过 17.8 万吨。

商家：超 200 万商家具备"商家青山档案"，超 100 万美团入驻商家提供超过 620 万种小份菜，102 万商家加入青山公益行动。

NGO 和公众：开展的环保宣导线上触达 48 亿人次，线下覆盖数百万人。青山公益首批资助的 30 家环保 NGO 伙伴在全国 17 个省份组织宣教活动 380 次。

探索行业方向，推动外卖包装绿色转型的全产业链行动

外卖餐盒涉及碳排放，并对环境造成极大的负担，亟须做好回收利用工作。然而，作为一项典型的低价值可回收物，外卖餐盒面临着回收率低、回收难题的困境。为此，美团外卖积极链接上下游，探索外卖餐盒规模化回收利用路径。

（1）美团与行业组织、生产应用企业联合成立餐饮外卖绿色包装应用工作组。完

成6/16餐品大类绿色包装解决方案，推出两批161种绿色包装名录，孵化41种创新包装。

（2）美团已在全国14个省份的15个城市开展/计划落地规模化垃圾分类及餐盒回收项目，累计回收约12700余吨塑料餐盒，助力减碳约1.97万吨。

（3）美团资助环保科技创新示范项目，建成万吨餐盒回收再生产线，累计再生利用4400余吨，并成功将废弃餐盒制成细旦丙纶等高价值产品。

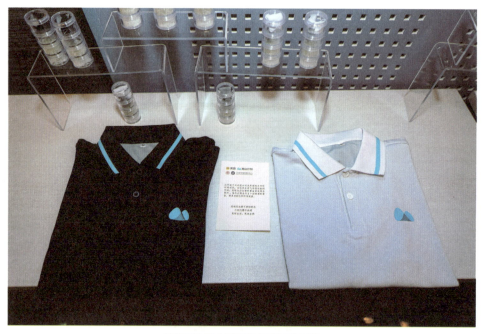

首款再生餐盒料制备低碳丙纶面料

未来展望

未来，美团将继续推动绿色包装解决方案、塑料餐盒规模化回收；加大对外卖餐饮绿色包装的投入力度，致力推进兼具低碳环保、科学性和创新性的行业解决方案，提升行动的深度和广度。

同时，为更好地响应我国生态文明建设新形势、新要求，美团将把绿色低碳的理念深层融入各个业务和产品，通过广泛参与的机制设计，联动平台商家、消费者等生态主体，助力简约、适度、绿色、低碳的生活方式加快形成。

美团将全力推进"青山计划"2025目标的实现，包括建设绿色包装供应链，为平台全量商家提供外卖包装可回收、可降解或可重复使用的解决方案；促进回收再生市场化机制建设，联动产业上下游在全国 20 个以上省份建立常态化餐盒回收体系； 以数字化能力促进可持续消费体系全面构建，带动百万商家提供绿色餐饮供给，促进 5 亿消费者践行绿色低碳行动。

三、专家点评

美团"青山计划"从无到有、从有到优，发挥平台优势，联合外卖商家、包装供应商、科研机构、行业机构和外卖用户等各方力量，为生态环境保护"添砖加瓦"，成为互联网外卖平台履行社会责任、参与社会治理的杰出典范。

——中华环境保护基金会理事长　徐光

"青山计划"利用平台优势，积极致力于推动环保科学研究，开发绿色包装产品，不断推出外卖行业绿色包装创新解决方案，加快绿色包装供应链建设，探索覆盖产业链的绿色包装实施路径，促进了外卖行业绿色低碳发展。展望未来，希望美团外卖不断探索外卖行业减碳路径，开展细分领域研究，从全生命周期、全产业链探寻外卖包装新型解决方案，不断推动外卖行业绿色低碳可持续发展。

——中国包装联合会副会长　王利

5 年来，"青山计划"在促进餐饮外卖可持续发展方面开展了一系列工作，成绩斐然。希望青山计划继续发挥平台优势，联合广大商家，构建绿色经营模式，携手消费者，引领绿色消费风尚，共同推动我国商贸服务业的绿色发展。

——中国商业联合会副会长　张丽君

（撰写人：田瑾、王娅郦、周焱）

东阳欢娱影视文化有限公司
传统与现代的交响，
非遗文化的影视新表达

一、基本情况

公司简介

东阳欢娱影视文化有限公司（以下简称欢娱影视）成立于2012年，是一家集剧本研发，影视剧投资、制作，海内外发行、商务开发，以及艺人经纪与宣传于一体，致力于传播中华优秀传统文化的综合文化公司。

欢娱影视始终坚持以优秀传统文化为创作源头，创"影视＋非遗"的方式努力发掘优秀传统文化的当代价值，以年轻化、国际化、专业化的影视语言生动呈现东方之美。欢娱影视坚持全渠道共创，在近年来加大与HBO、FOX、YouTube、Netflix、Disney+ 等40多家媒体集团、有线电视、OTT平台、流媒体渠道深度合作，将创作的60余部影视剧作品，超过1万多小时的精品内容发行至全球，让"影视中国风"吹入全球观众的心中，以现代的影视化表达，推动中华优秀传统文化与非遗的创造性转化与创新性发展。

行动概要

欢娱影视致力于讲述既有历史传承，又有时代感且能引起情感共鸣的好故事，通过全力打造高品质的影视剧作为文化载体，将诸多优秀传统文化、非遗技艺乃至中国元素蕴藏在影视作品的"衣食住行娱"间，形成了独特的中华传统美学风向标，打造特有的传统文化影像景观。同时，积极参加人文交流活动和国际影视节展，让海内外观众真实感受和体验到悠久深厚的传统文化内涵，极大提升了中国优秀传统文化在全球的影响力，全面彰显中国文化自信。

此外，欢娱影视深度挖掘 IP 影响力，注重中国传统文化与市场的深度结合，设计与制作符合现代审美，适应市场需求的衍生产品，以传承与创新赋能传统文化，通过更加当代化、生活化、实用化的产品让中国优秀传统文化鲜活起来，促进消费进而反哺文化与技艺的传承。

二、案例主体内容

背景 / 问题

中华文明在浩瀚的五千年历史长河中，优秀传统文化与非物质文化遗产是散落其间的点点繁星，它是一个国家和民族历史文化成就的重要标志，也是优秀传统文化的重要组成部分。但因缺乏时代化的、符合市场的表达，许多优秀传统文化及非遗技艺陷入了缺乏关注、缺乏市场、濒临失传的尴尬境地。如何更有效地推动中华优秀传统文化与非遗技艺的创造性转化与创新性发展，让优秀传统文化真正"活"起来、"火"起来，并得以传播、传承与可持续发展成为亟待解决的问题。

欢娱影视始终以中国优秀传统文化为创作源头，坚持精品原创和 IP 开发并重，通过"影视 + 非遗"的创作模式打造了 60 余部热播剧集，以饱含东方美学的优质视听文化内容，助推非遗技艺以更新颖的面貌、更多样的方式、更迷人的姿态融入现代生活。

行动方案

优秀传统文化与非遗技艺的影视化表达

欢娱影视始终坚持"内容为王，文化为根"的战略，深度挖掘优秀传统文化的当代价值，将众多非遗资源有机融入作品之中，以传统文化滋养当下创作，以精品创作助推精粹传承，搭建优秀传统文化与全球观众的桥梁。为观众呈现了一幅幅绚烂的传统文化画卷。这些作品不仅在国内广受好评，更为传统文化的国际化传播开辟了新路径。

2018 年，《延禧攻略》开启了国内"影视 + 非遗"叙事新篇章，剧中融入点翠、打树花、昆曲、绒花等多项非遗技艺，重现最美中国传统色；《鬓边不是海棠红》通过创新的影视手法彰显国粹魅力，弘扬京剧文化，让年轻受众学会如何"听京剧"，潜移默化地成为"京剧观众"；《玉楼春》将戏曲、皮影等非遗元素与人物情感故事和感情经历紧紧融合，把洒线绣、绒线绣、顾绣等多种非遗刺绣手法融入剧中服饰；《当家主母》聚焦缂丝技艺传承，多角度、全方位地对缂丝工艺、织造技艺、中国布料等非遗文化元素进行展示；《尚食》着重展示中华传统美食文化的博大精深；《正好遇见你》采用"剧中剧"的叙事方式，展现了木板水印、花丝镶嵌、玉雕等近 20 种非遗技艺；《为有暗香来》以五代时期为背景，聚焦传统香药技艺，通过梦境叙事的方式对中国经典叙事文学传统进行传承和弘扬。

以增强影视作品的长尾效应带动传统文化释放市场化价值

近年来，欢娱影视以优秀传统文化及非遗元素提升影视剧品质，积极探索影视与非遗的市场化融合之路，通过作品带动非遗文化的市场化发展，实现双赢。

以"影视 + 非遗"的代表之作《延禧攻略》为例，将绒花带入了大众视野，让观众直观地感受到非遗文化的魅力。剧中菊花、福寿三多、摇钱树等 19 款绒花发饰在电视剧热播的带动下，成了新国潮产品，传承人在剧集播出之后，成立了自己的公司，招收了数十位本科学历以上的学生进行培养。目前，该公司月生产绒花超千支，产值数十万元，还与迪奥等国际一线品牌展开深度合作。《鬓边不是海棠红》男主角商细蕊精品手办在亚马逊预售 2 个月内销售 10000 余件，销售流水破千万元。《骊歌行》携手泰国最大出版社 SMM 出版发行同名图书，作为 SMM 代表作登上 2022 泰国图书展览会。《尚食》男女主 Q 版形象上架 conflux 链条，以盲盒形式售卖，在一分钟内售罄。

从作品到 IP、从产品到产业，欢娱影视致力于不断将中国传统文化与市场进行更好的结合，将传统工艺的艺术元素融入现代社会的生活方式，设计制作符合现代审美，适应市场需求的衍生产品，如汉服、盲盒、绒花配饰、古风剧本杀等，以传承与创新赋能传统文化，通过更加当代化、生活化、实用化的产品让中国优秀传统文化鲜活起来，得到更广泛的关注。

此外，欢娱影视创新非遗影视文化消费新场景，深度拓展"影视 + 非遗 + 展览""影视 + 非遗 + 研学""影视 + 非遗 + 文旅"等消费场景，通过"沉浸感"与"体验感"的深度结合助推优秀传统与非遗技艺实现了创造性转化和创新性发展。

在 2018 年《延禧攻略》热播之时，不少剧迷纷纷涌向浙江横店影视城或故宫，携程也推出了相关的主题旅游线路。 剧中"火树银花"场景，展现的是已有 500 余年历史的地方传统民俗文化活动打树花，《延禧攻略》是首个将这一非遗技艺带到观众视野的影视作品。在影视剧的带动下，越来越多的观众前往河北省张家口蔚县观看剧中同款场景表演。

欢娱影视剧作品中呈现的非遗技艺
（缂丝、扎染、点翠、绒花、花丝镶嵌、百子衣、打树花）

结合非遗文化都市剧《正好遇见你》，欢娱影视同步推出了"正好遇到你·寻美姑苏城"大运河文化研学线路，该路线包含苏州博物馆、山塘街、苏州刺绣研究所、丝执空间等文化地标。欢娱影视通过"影视＋非遗＋文旅"的探索与尝试，不断增强文化产业的整体实力和核心竞争力，持续激发着文旅消费潜力，以融合拓展与带动文化产业发展新气象。

欢娱影视在横店创建戏服生产工厂，培养了一批专业的造型、画稿、手绣、机绣、敲铜、雕玉等专业技师；采用先进的服装制造设备，保证出品质量。依托影视形态，带动当地就业，培养专业人员，扶持非遗匠人，带火30余种非遗项目，为带动非遗匠人共富提供了有效的途径。创立的欢娱影视文化博物馆，近1万平方米的空间共展出以非遗技艺制作的影视服装60余套，饰品90余件，储存管理影视剧服装超过6万件，是全国首座影视文化和非遗创新性融合的博物馆。作为影视行业向社会传播与弘扬传统文化和匠心精神的窗口，馆内打造了"君子之交""锦绣霓裳""国风积木"等多个原创研学课程，开展多形式非遗主题活动，并在2023年获浙江省委宣传部、浙江省文旅厅评定

欢娱影视文化博物馆

的"浙江省国际人文交流基地"，金华市委宣传部颁发了"一带一路金枢纽"网络国际传播 View Point（观景点）。

创新全球传播路径助力文化交流，文娱互鉴

欢娱影视建立起立体化"全矩阵传播体系"，以中国精品影视剧助力文化交流，文娱互鉴。进入海外市场的一系列影视作品被翻译成英语、法语、德语、西班牙语、葡萄牙语、日语、韩语、意大利语、荷兰语等 20 余种语言和文字。《延禧攻略》被翻译成了 15 种语言，海外播出覆盖超 90 个国家（地区）；《鬓边不是海棠红》是首部以京剧为主题走进北美地区的华语剧；《皓镧传》被翻译成 16 种语言，是首部在日本公共频道 NHK 周末黄金档播出的中国电视剧，也是有史以来第一部在日本电视台全配音播出的中国电视剧；《金枝玉叶》是首部在 Netflix 独播的华语电视剧；《珍馐记》是 Disney + 上线的首部华语剧集；《正好遇见你》首次与韩国 CNTV 达成合作；被称为 2024 暑期档剧集黑马的古装女性成长励志剧《墨雨云间》首播便登上了 Google Trends 热搜趋势，登顶多个国家或地区的热搜剧集词条，成为 2024 年优酷国际版最快登上全语种热榜 Top1 的剧集。剧中的"珍珠妆"、中式及笄礼等中国传统文化元素格外吸睛，引发海内外观众热议。"这部剧里的服装发型，完全是我想象里中国古人的样子，实在太美了！"这是一位外国网友

在 YouTube 上对《墨雨云间》的评论。这些影视作品蕴含深厚的中华文化底蕴、丰富传统文化精粹，是助推影视作品"出海"的利器，而其本身也借着影视作品"出海"得到了更大范围的传播，发挥更大的影响力，通过在影视作品中植入中国传统美食、工艺等生活方式的内容，以及开放包容、积极向上的中国文化精神，让世界观众通过影视作品这个窗口，看到真实、多元、美好的中国。

以影视作品为基奠，积极参加海内外节展和人文交流活动

多年来，欢娱影视多次于我国港澳地区，法国、新加坡等国家的节展和人文交流活动中亮相，推动中国传统文化海内外传播，增强传统文化影响力。2021 年，欢娱影视参加由文旅部非遗司指导的"锦绣中华——2021 中国非物质文化遗产服饰秀"，生动地演绎了"清宫美学""唐风美学"。2021~2022 年，欢娱影视连续参与中国国际服务贸易交易会，先后展出多部热播剧中非遗匠人手工制作的影视戏服。2023 年 1 月，欢娱影视受中国驻新加坡大使馆邀请参加新加坡新春游园活动，携影视作品中蕴含传统文化与非遗技艺的戏服和饰品，以非遗服饰秀为海外民众献上了一场别开生面的文化盛宴；同年 8 月，浙江省非物质文化遗产馆开设欢娱专区，面向公众长期展出《延禧攻略》《骊歌行》《正好遇见你》中蕴含缂丝、打籽绣、盘金绣、扎染、敲铜、绒花、螺钿镶嵌等多项传统文化与非遗技艺的影视戏服与道具。通过与多品牌、多平台合作，借助线上线下相结合等更加多元化的形式，呈现与弘扬博大精深的中国传统文化。

多重价值

通过影视作品与非遗元素的深度融合，不仅提升了作品的艺术品质，更实现了传统文化与现代市场的有效对接，为传承和弘扬中华优秀传统文化做出了积极贡献。展现出独特的经济、社会等多重价值。

经济价值

以"影视＋非遗"的创新模式，成功带动了非遗文化的市场化发展。以《延禧攻略》将绒花等传统非遗技艺带入大众视野，通过热播效应，使绒花发饰成为新国潮产品，带动了相关产业链的发展。此外，欢娱影视还通过开发衍生品、举办展览等方式，将传统工艺的艺术元素融入现代社会的生活方式，实现了传统文化与现代市场的有效结合，为文化产业的发展注入了新的活力。

社会价值

通过影视作品和非遗文化的融合，为观众呈现了一幅幅绚烂的传统文化画卷，提升了公众对传统文化的认知和认同。同时，公司还积极创新非遗影视文化消费新场景，通过"影视＋非遗＋展览""影视＋非遗＋研学""影视＋非遗＋文旅"等多元化消费场景，让观众在沉浸式的体验中感受到传统文化的魅力，助推了优秀传统与非遗技艺的创造性转化和创新性发展。

此外，欢娱影视还通过创建戏服生产工厂、培养专业技师、扶持非遗匠人等方式，为当地就业和经济发展做出了积极贡献。欢娱影视创立的欢娱影视文化博物馆，更是成为全国首座影视文化和非遗创新性融合的博物馆，为公众提供了一个了解和学习传统文化的窗口。

未来展望

在未来，东阳欢娱影视公司将持续深化其影视与非遗融合的策略，致力于实现更为全面和深远的可持续发展。

首先，在内容创作上，将继续坚持"内容为王，文化为根"的理念，深入挖掘中华优秀传统文化的精髓，并将其与现代审美相结合，创作出更多高质量、高影响力的影视作品。同时，还将积极探索与更多非遗项目的合作，通过影视作品展现非遗技艺的独特魅力和文化价值，进一步推动非遗文化的传承与发展。

其次，在市场化运营上，欢娱影视将继续拓展"影视＋非遗"的市场化融合之路，通过开发衍生品、举办展览、开展研学活动等方式，将传统文化元素融入现代生活方式，实现文化价值的转化与增值。同时，还将加强与国内外市场的合作与交流，推动中国优秀传统文化走向世界，提升国家文化软实力。

最后，在社会责任方面，欢娱影视将继续关注社会热点问题，通过影视作品传递正能量和主流价值观，引导公众形成正确的文化观念和价值取向。同时，将积极参与公益事业，为社会的和谐发展贡献力量。

三、专家点评

经过媒介迭代、产业调整、数字化探索等诸多变革，中国影视产业已经来到了新的起点。面对题材丰富、表达多元的行业势态，市场对当下影视公司与从业人员也都有了更高的要求和期许。影视作品的对外传播，实质上是一场在差异文化交流中寻求可发展空间的历程，创作生产要立足本土意识，以国家传统文化为背景，展现民族文化生命力，弘扬民族文化精神，才能进一步获取国际市场的成功。《延禧攻略》《鬓边不是海棠红》《玉楼春》《尚食》《传家》《正好遇见你》《为有暗香来》等作品蕴含深厚中华文化底蕴，不仅将民众对美好生活的向往、优秀传统文化注脚隐藏在作品的"衣食住行娱"中，还通过用世界的语言讲述东方故事，搭建起民心相通的桥梁，从而实现海外观众情感共鸣，展现开放包容、积极向上的中华文化精神。

——中国艺术研究院研究员 李一赓

欢娱影视在影视内容生产实践中，自觉地贯彻对中华优秀传统文化的创造性转化、创新性发展，通过有规划地挖掘传统文化底蕴、精粹的方式方法，在将非物质文化遗产、手工艺等融入影视内容生产和衍生开发全过程的同时，为自身的生产找到了文化上的"源头活水"，有效提升了"内容生产效率"。更可贵的是，在这个过程中，可以明晰地看出欢娱影视在对中华优秀传统文化的转化、发展时鲜明的审美自觉，以及在审美自觉基础上实现的审美自信，从这种意义上说，欢娱影视找到了将中华优秀传统文化与影视内容相结合的方法，从而也找到了在影视内容生产中可持续发展的源源不断的动力，并向着实现影视内容制作商文化担当的目标不断前行。

——中国文化报社编委 曲晓燕

中华优秀传统文化是当代影视创作的根脉源流，通过精心设计的视听语言，电视剧以巧妙的"吸睛"形式实现对中华传统文化的呈现与传承，让传统文化在符合当代审美的创造性转化中展现出新的风采。在重视和弘扬中华民族优秀传统文化的新时代背景下，欢娱影视走出了一条独特且充满生机的道路。通过独特的"影视+非遗"的方式打磨内容，在挖掘优秀传统文化价值的同时将非物质文化遗产、传统技艺带入当下年轻人的生活，传承东方美学的同时对影视IP的开发进行了创新性尝试，完成了古今的情感连通，以现代的影视化表达，推动中华优秀传统文化的创造性转化与创新性发展。

——中国文艺网文化艺术交流中心总监 高晴

（撰写人：李颐、马潇潇、王歆蕾）

可持续消费

中信银行股份有限公司信用卡中心

绿色创新　开放共享

—— 中信银行信用卡"中信碳账户"的绿色先锋实践

一、基本情况

公司简介

中信银行信用卡中心是中信银行在深圳设立的对信用卡业务进行统一管理、集中操作、独立核算的业务部门，是中信银行信用卡业务全国总部、首家分行级专营机构。2002 年底，由中信银行总行与中信嘉华银行在深圳合作筹建成立；2007 年 12 月，经中国银监会批准成为业内少数几家分行级信用卡专营机构之一；2008 年 2 月，在深圳成功注册。

自 2003 年底正式发卡以来，中信信用卡始终坚持"以客户为中心"，不断创新产品和服务，努力培育经营特色和管理优势，推动业务实现了效益、质量、规模的协调发展，迈入了持续盈利的发展新阶段。2021 年，中信银行信用卡累计发卡量正式突破 1 亿张，成为国内领先迈入"亿级"规模的股份制发卡行。

凭借雄厚的客户基础、优质的服务水平和卓越的创新能力，中信银行信用卡在行业和客户中间形成了广泛影响，经营、管理、服务屡获行业内外好评，曾先后荣获 CCCS"全球最佳呼叫中心"、《哈佛商业评论》"管理行动奖金奖"、"深圳市金融创新奖"三等奖及《亚洲银行家》杂志"最佳客户关系管理奖"、"最佳数据架构奖"、"中国最佳信用风险管理银行"、零点民声"金铃奖"之"用户洞察奖"等。

未来，中信银行信用卡将围绕全行零售第一战略的发展目标，充分发挥信用卡在促消费、惠民生、稳经济上的重要作用，贯彻"新零售"发展战略，坚持客户导向、价值导向，深入推进生态化经营，加速推动数字化转型，构建有温度的服务差异化优势，引领绿色金融创新打造"有温度的信用卡"，践行全行"让财富有温度"的品牌主张，以韧性发展的定力和信心，全面迈入高质量可持续发展的新阶段。

行动概要

为积极践行国家"双碳"发展目标，实现绿色金融普惠，中信银行信用卡中心在国家生态环境部、深圳市生态环境局、深圳银保监局、深圳金融局等单位的关注与指导下，与上海环境能源交易所、深圳排放权交易所等机构建立广泛合作关系，并与国内第三方专业机构中汇信碳资产管理有限公司共同研发了中信碳账户，于 2022 年 4 月 22 日世界地球日正式上线。与此同时，中信银行发起了"绿·信·汇"低碳生态联盟，合作企业包括华为、腾讯、京东、中国银联、Visa、美团、飞凡汽车、星星充电、快电、拍拍、转转等二十余家。

"中信碳账户"是基于中信银行绿色金融体系打造的个人碳普惠平台，作为首个由国内银行主导推出的个人碳账户，围绕城市碳普惠机制建设，以科学计量方法累计个人碳减排量，让绿色消费行为数字化、可视化、可追溯和可计量，从而引导社会公民的绿色消费转型。

"中信碳账户"经过两年的持续迭代，目前已支持全民开户，累计实现 13 个金融场景和低碳消费场景的碳减排量核算，积极引导社会公众的绿色消费转型，截至今年 2 周年之际，用户规模突破 1000 万，累计碳减排量超过 4.5 万吨。同时，中信银行以"中信碳账户"为载体，搭建的"绿·信·汇"低碳生态平台入驻成员已达到 23 家，覆盖了绿色金融、绿色能源、绿色出行、绿色回收、绿色阅读、绿色零售等消费生活场景，让绿色低碳生活方式融入广大消费者日常生活。其中，中信银行还与中国银联创新合作，打通了"中信碳账户"与中国银联"低碳计划"服务，首次实现金融业碳账户的互通、互认，为广大用户提供更加多元的绿色低碳消费体验。

二、案例主体内容

背景 / 问题

2020 年 9 月，习近平总书记在第七十五届联合国大会中提出，中国力争于 2030 年前达到碳达峰，并争取在 2060 年前实现碳中和。"3060"目标随后被写入《中华人民共和国国民经济和社会发展第十四个五年规划和 2035 年远景目标纲要》，将碳达峰和碳中和正式上升到国家战略层。2022 年初，国家发展改革委等七部门印发了《促进绿色消费实施方案》，要求监管机构引导绿色消费金融服务，推动消费金融公司绿色业务发展，为生产、销售、购买绿色低碳产品的企业和个人提供金融服务，提升金融服务的覆盖面和便利性。2022 年 6 月，原中国银保监会印发了《银行业保险业绿色金融指引》，银行保险机构应当建立有利于绿色金融创新的工作机制，在依法合规、有效控制风险和商业可持续的前提下，推动绿色金融流程、产品和服务创新。

近年来，随着我国个人消费水平的增长，个人消费领域碳排放量也在快速增长。在消费结构持续升级的大背景下，积极引导用户绿色消费，降低个人消费产生的碳排放增长速度，是实现"双碳"目标的有效手段之一。多个公开数据显示，中国人均碳排放量已超 7 吨。如果一线城市居民通过改变低碳行为，将可以减少 1~2 吨的碳排放，按照中国人口的规模，公民碳排放潜力巨大。但是，个人消费端的碳排放具有"小、散、杂"的特点，很难采用与行业、企业节能相同的方法，如何提高个人减碳的积极性、如何引导用户持续践行低碳行为成为一个社会难题。

中信银行信用卡中心联合专业调研机构益普索 Ipsos、新浪财经 ESG 评级中心，首次发布了《低碳生活绿皮书》，围绕我国民众在衣、食、住、行等消费领域的低碳行为

《低碳生活绿皮书》

展开深入调查，了解当前民众对于绿色消费、低碳生活的态度和实践，前瞻洞察人们对于绿色低碳生活的未来期待。从调研结果来看，公民开始认同低碳生活方式的理念，提升行动的意愿度，在一定程度上也愿意为低碳消费品付出绿色溢价，但整体存在缺乏相应的产品、机制和激励措施来促动消费端的碳减排。

行动方案

中信银行信用卡中心在国家生态环境部、深圳市生态环境局、深圳银保监局、深圳金融局等的关注与指导下，与上海环境能源交易所、深圳排放权交易所等机构建立了广泛的合作关系，并与国内第三方专业机构中汇信碳资产管理有限公司共同研发了"中信碳账户"，并于 2022 年 4 月 22 日（世界地球日）正式上线。

中信碳账户

碳资产账户体系创新

"中信碳账户"是充分整合中信集团的内外部资源，参照碳普惠发展体系，并结合碳普惠面临的压力与挑战而设计的具有可持续发展的体系。区别于早期第三方平台搭建的碳账户体系，"中信碳账户"具有较强的核心竞争力，主要是银行自身的账户与风控能力、覆盖丰富的消费生活场景、强大的金融科技能力以及开放无界的合作平台。为此，"中信碳账户"作为首个由国内银行主导推出的个人碳减排账户，真正把碳减排作为一种有价值的资产进行管理，具有重要的价值与意义。

发起"绿·信·汇"生态联盟

中信银行发起"绿·信·汇"低碳生态联盟，旨在携手多方合作伙伴积极推动绿色创新，拓宽合作生态，发挥产业链和生态圈的协同效应，推动社会生活向绿色低碳转型，助力我国"双碳"目标的实现。围绕"中信碳账户"平台，搭建碳账户体系，携手行业伙伴，积极探索开展碳减排场景、绿色商城、市场营销等方面深入合作的新可能，与伙伴企业双向赋能，实现低碳行为数字化、资产化和价值化。

绿色消费体系释放生态合力

为进一步激发绿色消费需求、加速拓展绿色消费场景，中信银行信用卡联合"绿·信·汇"生态联盟平台伙伴，基于"中信碳账户"平台推出了绿色消费体系，包括"绿色消费标准指南""绿色消费活动""绿色消费品牌商户"，携手生态平台内 11 家品牌商户共同纳入绿色消费场景，覆盖绿色新能源、绿色出行、绿色回收、绿色阅读、绿色数字服务、绿色餐饮等消费生活场景，持续拓宽绿色消费生态，让绿色低碳的生活方式融入广大消费者的日常生活。

"绿色消费标准指南"分别从绿色材料、绿色生产、绿色循环、绿色认证四个维度，为消费者提供通俗易懂的绿色消费鉴别指南，帮助消费者在购买绿色产品或选择品牌时，获得可靠、实用的绿色消费信息，降低绿色消费门槛。

同时，中信银行信用卡推出系列绿色消费活动，持续激励广大用户积极践行低碳行为。在"绿色消费

"中信碳账户"绿色消费体系

"中信碳账户"音乐故事——《绿色的向往》

幸运礼"活动中，持卡人可以通过在推荐的绿色可持续品牌商户消费、绿色支付和绿色运动等多种方式轻松获得绿信能量，参与幸运抽奖或兑换绿色产品权益。进一步实现"低碳权益、普惠大众"的碳普惠机制初衷，对更多绿色消费场景下的个人的减碳行为赋予价值，提供普惠权益。

多重价值

有效引导亿级以上用户绿色消费，减少碳排放

"中信碳账户"作为用户日常消费的碳减排账户，能实时记录用户的日常减排行为，并且通过数字化、可视化、价值化等方式，有效引导用户绿色消费，持续践行低碳行为，让绿色低碳理念和模式融入日常生活。

通过构建中信"绿信汇"生态联盟，推动产业绿色转型

中信银行信用卡中心以中信碳账户为基础，通过"绿·信·汇"生态联盟平台，开展绿色金融、绿色出行、新能源车、二手回收等多个业务场景的合作，有效带动合作方加入绿色低碳行动，并赋能绿色业务的创新与发展，共建绿色生态产业链。与此同时，"中信碳账户"通过输出绿色金融科技能力，能快速服务于合作方平台的用户，面向更广大的用户实现碳账户应用和减排服务，助力合作方达成碳中和和碳交易的目标。

未来展望

未来，"中信碳账户"将持续创新和完善，推动居民自愿碳减排量交易的达成，加大绿色商城的建设力度，以特色化的绿色权益持续激励用户。通过商业激励、绿色公益、碳普惠的交易等多种形式，持续完善和创新碳账户的体系，实现产品生态与环境公益的闭环管理。

中信碳账户通过汇聚用户的绿色数据，与城市碳交易市场平台互联互通，为政府提供碳普惠的用户画像，助力城市的碳普惠体系建设，从而积极推动城市绿色经济的转型。与此同时，碳账户作为载体，有助于捕捉个人的金融服务需求，最大限度地发挥金融优化资源配置的功能，为个人提供更多种类的绿色金融业务，真正实现低碳权益普惠大众。

三、专家点评

中信银行从金融平台的视角，充分发挥"金融＋实业"的集团协同优势，积极打造共生共赢生态，尤其是新消费生态上的拓展，以及针对企业的创新金融服务，这些都是该公司的亮点。在"双碳"的战略驱动下，"中信碳账户"的绿色账户等前瞻性做法，更是助力中信银行在同行中实现差异化，提升品牌美誉度。

——法国里昂商学院副校长、亚洲校长、亚欧商学院法方院长　王华

（撰写人：中信银行股份有限公司信用卡中心）

乡村振兴

北京快手科技有限公司
"村播计划"，
让广大农民过上美好生活

一、基本情况

公司简介

北京快手科技有限公司（以下简称快手）是全球领先的内容社区和社交平台，致力于成为全球最痴迷于为客户创造价值的公司，帮助人们发现所需、发挥所长，持续提升每个人独特的幸福感。

快手 2023 年第四季度财报显示，快手应用国内平均日活跃用户达 3.83 亿，国内平均月活跃用户达 7.00 亿，全年电商商品交易总额（GMV）首次突破万亿规模，达 1.18 万亿元。

快手以打造最有温度、最值得信任的在线社区为初心，"短视频＋直播"搭建的普惠数字社区，正在与各行各业深入融合，成为数字生活的入口和数字经济的新载体。

行动概要

快手坚持以赋能乡村发展为己任，通过"短视频＋直播"技术推动乡村人才振兴、产业振兴和文化振兴。2018 年，快手成立了"快手扶贫"办公室，践行"幸福乡村战略"，系统性开展扶贫和乡村振兴工作。随着我国脱贫攻坚战取得全面胜利，2021 年，"快手扶贫"办公室升级为"快手乡村振兴"办公室。

近几年，大量主播通过快手平台助力农产品销售，带动乡村生活、文化、旅游、体育、产业和经济等多元发展，这个群体被称为"村播"。

2022 年，全年有超过 8.7 亿单农产品经由快手发往各地，"村播"群体正在成为乡村振兴独具特色的人才力量。

为进一步助力乡村数字化人才建设，2023 年，快手正式升级发布"村播计划"，宣布将提供 30 亿流量扶持乡村发展与人才培养，围绕培训指导、流量扶持、线上运营、线下活动，持续助力乡村人才振兴。

"村播计划"分别通过"农村青年主播培养计划""幸福乡村带头人""她力量·乡村振兴帮扶计划""农技人"扶持计划等多个帮扶行动，让越来越多的乡村主播借助短视频和直播改善了生活境遇、促进了乡村经济发展和文化出圈。

快手 "村播计划"正式启动

二、案例主体内容

背景 / 问题

乡村振兴，关键在人。如何丰富乡村业态、增加乡村就业机会、引导人才回到乡村创业就业，是乡村人才振兴、产业振兴的难点。如何发挥短视频平台在促进人才发展、乡村发展等方面的积极作用，是值得深入探讨和实践的议题。

行动方案

快手通过短视频直播平台，承载新个体、新职业、微经济，在"家门口"铺就了一条就业创业路，持续吸引年轻人变身"村播"返乡创业。近年来，大量乡村主播通过快手助力农产品销售，带动乡村生活、文化、旅游、经济等多元发展。2022 年，有超过 8.7 亿单农产品经由快手发往各地，"村播"正在成为乡村振兴独具特色的人才力量。快手推出"村播计划"，从流量、内容、资金、培训等方面赋能农村创业者、青年、女性及农技人才发展，助力乡村振兴。

挖掘幸福乡村带头人，打造村播人才标杆

在系统性践行"幸福乡村战略"开展扶贫助农工作初期，快手聚焦返乡创业人群，发起了"幸福乡村带头人"项目，帮助返乡创业的乡村主播群体先富起来，打造村播标杆。

"幸福乡村带头人"项目通过为乡村创业者（包括农业创业、非遗传承、文旅推广等领域）提供线上、线下的商业与管理教育资源，培育和提升其领导力及商业管理能力；通过提供流量资源、品牌资源，促进带头人带动乡村产业发展、增加当地就业，进而助力当地脱贫与发展。"幸福乡村带头人"不仅是国内首个关注乡村创业者的互联网企业社会责任项目，还发展为国内首个乡村创业者成长孵化器和乡村产业加速器。

幸福乡村带头人招募海报

多年来，该计划不断提供流量、品牌、商业培训等资源，通过发挥"幸福乡村带头人"的"领头羊"作用，持续为乡村发展注入新活力，吸引更多农村年轻人回流，形成了乡村振兴的良性循环。

助推当地旅游业发展的 @ 侗家七仙女，让农技突破空间局限的 @ 江苏小苹果，使非遗技艺获得新生的 @ 银匠雪儿，把尉犁县特产卖得供不应求的 @ 疆域阿力木……一个个"幸福乡村带头人"，无不在诠释短视频直播成为乡村振兴"新农具"的理念和方式。

聚焦乡村振兴重点帮扶县，开展农村青年主播孵化行动

2022 年，农业农村部科技教育司印发的《2022—2023 年国家乡村振兴重点帮扶县"农

村青年主播"培育工作方案》强调，"农村青年主播"培育工作以提升 160 个国家乡村振兴重点帮扶县农民收入和壮大县域经济为工作目标，聚焦农村电商短视频和直播领域，通过线上学习、集中培训、流量扶持、平台赋能等培育环节，培养一批掌握短视频和直播"新农技"，带动农民增收致富和宣传推广乡村发展的"农村青年主播"。

在"农村青年主播"孵化行动中，快手平台提供短视频制作、直播类培训课程，上线全国农业科教云平台及快手平台 App，供线上培训的预学习及高素质农民线上学习使用。

有关省份根据乡村振兴重点帮扶县实际需求选择线上或线下集中培训形式。快手免费提供线下培训的课程内容及师资，培训完成后，快手平台根据学员发展情况进行流量扶持，培训顺利结业且成绩优异的学员，还可获得快手平台认证。

"乡村直播新手培训课程"海报

目前，已经有云南、贵州、内蒙古等多个省份开展了国家乡村振兴重点帮扶县"农村青年主播"的培训，有数百位深耕乡村的青年主播参与到培训中，学习了短视频、电商直播等课程。

快手还安排专人提供答疑、咨询和流量扶持等帮助。例如，来自云南金平县的"00后"哈尼族青年朱进海，进过工地、当过服务员，回乡看到家乡的农产品资源丰富，种了十几年香蕉的父母又常因产品卖不出去而发愁，他决定根据家乡的民族文化、丰富物产制作内容。经过自身努力和培训学习，扶持期间，他的账号涨粉近 6.8 万人。目前，朱进海在快手上有近 300 个作品，内容主要为当地的农特产品，这些作品获得点赞 361 万次。在快手的专门指导下，2023 年 3 月，他的作品《在云南可以吃的树》获得了超过 1383 万次播放，共有 16 万人点赞；同时，他积极宣传家乡美景，发布的金平县蝴蝶谷蝴蝶大爆发等内容，广受网友好评。为更好地扩大培训成果以及发挥地方主播优势，2022 年底，快手与金平县举办直播助农活动，朱近海等通过直播助力当地特色农产品销售，活动期间累计下单金额超过 110 万元。

关注乡村女性群体，"她力量"点亮乡村创业

近年来，随着乡村振兴战略的深入推进，广大乡村女性已成为乡村人才振兴道路上不可或缺的"她力量"。2022 年，中国妇女发展基金会与快手联合发起了"她力量·乡村振兴帮扶计划"项目，为进一步落实全国妇联开展的"乡村振兴巾帼行动"，项目以直播电商、直播带货为抓手，通过电商人才培训、女性创业点扶持等途径，帮助农村妇女就业增收，助推乡村产业升级。

一方面，"她力量·乡村振兴帮扶计划"对普通妇女群体开展电商知识、网络视频基础知识等方面的普惠型培训，并筛选出 20 位优秀女性，由快手提供直播电商培训、外出参访学习等方面的重点扶持。另一方面，为 6 位女性致富带头人提供了创业资金支持，并整合资源助力女性创业点发展。此外，"她力量"项目还将从实操教学等方面对基层

"她力量"乡村振兴帮扶计划 北京公益实践活动开班仪式

妇联干部进行培训，提升她们的综合能力。

自项目启动以来，"她力量·乡村振兴帮扶计划"先后在山西省的临汾市、运城市、长治市、阳泉市开展了 4 场巾帼电商培训，让近 400 名乡村女性受益。经过专家评审和实地调研，首期扶持的 6 家女性创业点已经被确认。"她力量"项目将继续助力 100 位当地乡村女性学习掌握直播、短视频等方面的专业电商从业知识，计划将覆盖山西省超过 1200 名乡村女性。

"90 后"姚艳梅是大学生返乡创业的典型代表。她出生在山西省静乐县一个普通的小山村，大学期间主修农业经济管理，对乡村有着深厚的情感。凭借着专业知识，姚艳梅在 2019 年带头创办了稻田剪纸画和杂粮迷宫试验基地，通过把静乐特色剪纸艺术与农业有机集合，充分挖掘农产品本身的附加值，开辟出了"农业＋文化＋旅游"的创意农业脱贫致富模式。2021 年底，姚艳梅发起成立了静乐县青年创业互助协会，引入当地创业青年，通过发展电商销售、乡村民宿，共同探索新的发展思路，带动更多的妇女就业，有效激活了当地经济。

为了帮扶优秀乡村女性创业者快速发展，"她力量·乡村振兴帮扶计划"启动了乡村女性就业创业点专项扶持。项目根据具体情况，在电商设备、产品包装、基地建设、作坊改建、妇女培训等多个方面对乡村女性创业点带头人提供了帮助和扶持。

多重价值

快手"村播计划"通过"短视频＋直播"技术赋能乡村振兴，用互联网平台打通了城市与乡村的连接，实现了科技兴农、科技助农。让越来越多的乡村主播借助短视频和直播改善生活境遇、促进乡村经济发展和文化出圈。《村播助燃乡村经济价值发展报告》显示，2023 年 1~6 月，快手通过线上线下培训村播数量达 10 万人，带动 25 万人就业。快手村播覆盖 25864 个乡镇，覆盖新农人、新非遗匠人、村 BA 记录者、民宿推广师、乡村园艺师等 16 个新职业。

作为数字经济时代的"新农具"，快手帮助乡村主播成长为"新农人"。其中，"幸福乡村带头人"行动是国内首个关注乡村创业者的互联网企业社会责任项目，现已发展为国内首个乡村创业者成长孵化器和乡村产业加速器。目前，"幸福乡村带头人"行动已扶持超 100 位幸福乡村带头人，覆盖 30 个省份、90 个县，培育出 60 家乡村企业和合作社，提供超过 1200 个在地就业岗位，累计带动 1 万多户乡村群众增收，带头人在地产业全年总产值达 5000 多万元，产业发展影响覆盖近千万人。"农村青年主播培养计划"已帮助提升 160 个国家乡村振兴重点帮扶县农民收入和壮大县城经济；"她力量·乡村振兴帮扶计划"通过电商人才培训、女性创业点扶持等，帮助超 1200 名乡村女性就业增收。

"村播计划"在乡村的工作赢得了广泛的社会赞誉，越来越多的乡村主播得以崭露头角，他们不仅改善了自身的生活境遇，也为传统乡村社会注入了新的活力，在促进乡村经济的蓬勃发展和推动当地文化走向更广阔的舞台方面取得显著成就，让乡村成为独具魅力的文化和经济聚焦点。

未来展望

通过"村播计划"，短视频和直播已然成为连接城乡、推动农村发展的有力工具，为乡村振兴注入了更为生动、多元的发展动力。而面对日益庞大的"村播"群体，如何能够更好地帮助他们实现自身价值，进而推动乡村发展，则需要对项目策略不断进行动态调整，长期推进，让"村播计划"能够更好地适应不断变化的环境，保持对乡村振兴的积极推动，实现更长期、更可持续的影响。

2023 年，基于"村播计划"的经验，快手已经发起了普惠型的"幸福大讲堂"项目，未来三年，公益培训预计将覆盖包括乡村青年、乡村女性、老年人群体、残障人士等在内的多个群体，为更多的用户提供在家乡就业、创业、增收的机会。展望未来，快手将以"村播计划"为样本，不断探索新可能，结合平台多元用户群体，持续拓展"短视频＋直播"在残障人士帮扶、退役军人帮扶、银龄群体关怀等多个议题的可能性。

三、专家点评

乡村振兴的关键在人才，核心是人才振兴。短视频、直播等新业态、新工具，拓宽了农产品上行的通道，也加速了数字乡村发展。

——中国乡村发展协会副会长　文若鹏

短视频直播平台作为新个体、新职业、微经济、"副业创新"的承载地，在"家门口"铺就了一条就业创业路，将持续吸引年轻人变身"村播"返乡创业。

——农业农村部信息中心副主任　张国庆

（撰写人：张学）

乡村振兴

国网江苏省电力有限公司太仓市供电分公司

"碳"寻美丽乡村，
助力循环农业高质量发展

一、基本情况

公司简介

国网江苏省电力有限公司太仓市供电分公司（以下简称国网太仓市供电公司）作为国家电网有限公司在基层的最小单元，始终践行绿色发展理念，致力于服务经济、社会、环境的和谐发展，通过构建友好型低碳伙伴关系，开展服务清洁能源、推进电能替代、保障电网安全、促进绿色生产和消费等探索与实践，助力推动太仓可持续发展。

自 1922 年太仓电灯公司成立，经过百年历程、百年传承，目前，国网太仓市供电公司已形成了南北 2 个 220 千伏电压等级的主环网，35 千伏及以上变电站 49 座，35 千伏及以上输电线路 1321.17 千米。国网太仓市供电公司先后获得全国安康杯竞赛优胜单位、全国模范职工之家、全国职工书屋示范单位、国网一流县供电企业、国网农电可靠性标杆单位、江苏省文明单位等荣誉称号。

行动概要

随着国家能耗双控向碳排双控的策略调整，素有"天下粮仓"美誉的苏州太仓，如何既实现农村集体经济增收，又持续降碳，是在农业现代化进程中面临的新挑战。国网太仓市供电公司对标联合国可持续发展目标，立足太仓现代田园城的资源禀赋，以乡村能源绿色转型为抓手，与时俱进优化服务模式，助力东林村构建"一片田、一根草、一只羊、一袋肥"生态循环绿色农业模式，实现农业产业升级和农民增收。国网太仓市供电公司启动了零碳乡村行动，持续丰富循环农业绿色内涵，精准摸排乡村碳排底账，构建"零碳乡村"建设规划，以"东林经验"向太仓市复制推广，探索太仓农业现代化绿色发展之路，打造绿色电力赋能乡村振兴的典型样板。

二、案例主体内容

背景 / 问题

习近平总书记指出，建设农业强国要体现中国特色，立足我国国情，立足人多地少的资源禀赋、人与自然和谐共生的时代要求，发展生态低碳农业，赓续农耕文明，扎实推进共同富裕。近年来，随着乡村振兴进程不断深入，电力在农村地区终端用能中的占比越来越高，在长三角地区有限的耕地、农村劳动力等资源条件和巨大的生态环境承载压力下，以农业生产为主的乡村迫切需要提高资源的利用效率、构建绿色发展模式，来应对乡村振兴路子不宽、动力不足、路径固化和能源高质量供应等挑战。以太仓东林村为例，存在以下问题。

传统农业生产资源利用率不高。我国是世界上最大的水稻生产国和氮肥生产、消费国，化学氮肥的大量使用会促进温室气体氧化亚氮的排放，每年全国农田土壤氧化亚氮总排放量约为 2.88 亿吨二氧化碳当量。在传统农业生产中，为了获取更高的产量和利润，往往过量施用化肥、农药，导致土壤质量下降、生态环境污染等问题，造成大量的秸秆变为农业废弃物，形成了恶性循环。

低碳绿色发展能力不足。当前，农业农村碳排放约占全国碳排放总量的 7%，随着乡村振兴的不断深入，大量机械化、电气化广泛应用，能源消耗也越来越高，而在农业农村领域普遍缺少对碳排水平的专业评价和低碳发展路径的科学规划。乡村碳排放快速增长影响着国家"双碳"战略的实施以及农业农村现代化的深入推进。

靠补贴的传统农业发展模式持续性不强。农业农村现代化对电力配套、资金、技术等资源的配置要求较高，在传统服务模式下，受地域、专业、信息等条件制约，政府、电网、企业、农村等相关方的优势资源没有形成合力，仅仅依靠乡村自身资源和政府补贴，无法有效有力满足乡村产业升级、绿色用能等发展需求。

行动方案

国网太仓市供电公司发挥能源电力专业优势，以"清洁供电＋智慧用电"为抓手，助力形成东林村"一片田、一根草、一只羊、一袋肥"生态循环农业高效发展之路。创新服务模式，联合各方推动东林村循环农业产业转型升级，不断放大生态农业价值，打造绿色电力赋能乡村振兴的典型样板，探索一条既可以持续提高农业产值，又生态绿色的可持续发展之路。

打造智慧高效循环农业

构建"全电化"循环农业链条。 在"种植—秸秆饲料—养殖—肥料—种植"的农业种养生态循环框架基础上，聚焦东林村农业生产全环节，定制化融合"全电"建设，积极推广运用电气传动、空气源热泵、电气发酵、电动作业等技术，建成秸秆加工、饲料生产、稻米烘干加工、湖羊养殖、肥料发酵全电气化生产线，最终形成"一度电"为牵引的智慧高效循环农业种养模式。该模式由"一片田、一根草、一只羊、一袋肥"

东林村全电化生态饲料厂

四个环节，田里种植的水稻、小麦丰收后，通过打捆机等电动设备回收秸秆，在全电化秸秆饲料生产线上加工成饲料，供给光伏生态羊场的肉羊食用过腹，产生的粪便电气化高温发酵处理为优质有机肥料，再抛洒还田。在提高农田有机质含量的同时，通过"全电化"生产链条让循环更生态高效，大大减少了农业的面源污染，农作物秸秆综合利用率达 100%，肥料发酵时间缩短至 7 天。

强化"高可靠"循环农业支撑。 紧密围绕东林村循环农业发展用电需求，实现电网规划与现代农场建设有效衔接，确保电力供应容量裕度合理并适度超前。全面推进农村电网提档升级，建设投运 110 千伏东林变电站；开展线路导线绝缘化改造，安装低压智能开关等智能终端设备，提升农网智能化水平和供电可靠性。因地制宜开展农业产业电力增容改造，首次在农业领域应用"全电共享"电力设备模块化租赁服务，通过以租代购配套变压器等电力设备，大幅缩短接电时长，还可随时退租或买断设备，自由增减供电容量，节省东林村建设成本。完成太仓首个空气源热泵粮食电烘干改造，使粮食烘干更安全，大米没有了柴油味，含水量达 14.5%，口感更有保障，通过电力供应的"可靠"实现了粮食品质的"可靠"。

"全电共享"电力设备模块化租赁

建设绿色零碳循环农业

做好碳排计算题。 在上海环境交易所的指导下，联合江苏省电机工程学院、苏州市农村干部学院等院所，通过查阅联合国政府间气候变化专门委员会（IPCC）等权威文献、共同学习研究案例、开展多层次现场座谈调研等方式，明确东林生态循环农业碳排放测算范围，识别生产过程中碳排放的主要来源，分别来自能源使用和农业种养两大部分。根据农业和能源碳排核算的不同特性及维度分别设计核算模型，梳理农业种养过程中涉

东林村"碳排放测算与碳中和路径研究"项目成果评价咨询会

及的施用化肥、动物肠道发酵、粪便排放等碳排放活动和产生的甲烷、氧化亚氮等温室气体，将各项碳排放活动规模与对应的温室气体排放数据加总，计算农业种植养殖碳排放规模；梳理农业能源使用类型和对应的碳排放系数，将各种能源使用规模与相应的碳排放系数加总，计算农业能源消费碳排放模型。

东林村零碳体验驿站

同时，梳理并计算乡村碳汇规模，核算乡村净碳排放量，建立起生态循环农业碳排账本，分析挖掘出碳排放特征画像。经测算，东林循环农业年度碳排放总量为 3561 吨，农业生产和能源消费碳排比例是 1 比 1.5，减去已有碳汇资源 978 吨和光伏碳减排 162 吨，最终净碳排约 2421 吨。

规划零碳应用题。根据东林碳减排空间以及碳排增长规模，以动态增长及发展的视角,对照东林村低碳发展期、碳中和实现期等阶段设定的发展目标和策略,从节能改造、电能替代、新型电力系统建设、增加农业碳汇等方面开展"零碳"乡村规划,打造农业生产和农文旅两类标准化应用场景。围绕饲料厂、科技产业园、养殖场等多个产业模块,运用分布式光伏、储能、直流配电、柔性用电(光储直柔)等技术,建设"零碳"示范应用场景。结合东林村农文旅规划,融入光伏车棚、光伏充电座椅、景观光伏树等新能源元素,推动东林村在保持每年 7% 的综合产量增长率的同时,持续减少碳排放,力争2025 年实现"零碳"乡村目标。

创新循环农业服务模式

建立低碳先锋体系。组建低碳先锋队伍,分层分级解决新时代乡村振兴遇到的不同问题。双方党委作为低碳参谋员,一起破题思考东林村循环农业未来的绿色发展之路;邀请内外专家团队组成低碳规划师,开展东林村碳排计算和未来碳中和路径的研究;组织低碳宣传员设计东林村绿色发展研学路线,传播低碳循环农业理念,凝聚更多资源和力量;依托东林村党群服务中心等阵地,设立低碳驻村营业厅和服务专窗,方便村民足不出村享受充电桩、光伏等绿色用能服务。

东林村低碳服务专窗   "零碳"乡村建设六方党建联盟

构建多方合作机制。坚持"政府主导、电网支撑、各方参与"原则,与太仓农业农村局签订了《"绿色电力赋能乡村振兴"战略合作协议》,推动政府出台《江苏省农业生产全程全面机械化整体推进行动实施方案》。从供电公司选派驻村第一书记,引入绿色金融,组建零碳乡村建设六方党建联盟,探索农业领域商业模式,推进乡村振兴绿色发展"共建、共治、共享"。

关键突破

找到农业绿色发展方向的新突破。 国网太仓市供电公司发挥能源电力专业优势，改变传统绿色农业的发展思路，从东林村整体能源供应、利用、配置、服务等方面，助力构建"四个一"生态循环绿色农业模式，建设"清洁用能、智慧用能、全电应用、零碳排放"的农村新型电力系统，推动形成高效高产的低碳产业链，打造"能源＋农业"绿色融合的乡村振兴新模式，为农业绿色可持续发展找到了新的突破口。

构建农业可持续发展的新模式。 在循环农业绿色发展过程中，改变以政府补贴为主的传统农业发展模式，通过全电共享、新能源聚合，引入第三方资源，构建合作共赢的商业模式。搭建汇集用户、配电设备租赁服务供应商及其他上下游企业的"全电共享"服务平台，实现供、需双方需求撮合，降低乡村能源投资初期成本。实施新能源聚合管理，引入中央企业、国有企业等第三方投资清洁能源项目，在不增加村级支出和占地的情况下，带动村级经济收入增长。通过经济的可持续，实现农业绿色可持续发展。

制定零碳乡村可推广的新标准。 坚持可复制、易推广、能分步实施原则，围绕饲料厂、米厂、秸秆加工厂、养殖场等循环农业产业和农文旅典型场景，综合运用"光储直柔"等新型电力系统技术，进行绿色能源模块化规划设计，形成一场景一规划的零碳乡村建设标准方案，为绿色农业理念在太仓市推广制定了新的标准。

打造农文旅经济新的增长极。 深化拓展"新能源＋农文旅"，在太仓市东林村现代农业科技服务中心，建设乡村新型电力系统零碳实景展示，实时展现东林村能源脉络和实施用能及减排量。在农文旅重点场景，建设和自然景观完美融合的光伏等设施。通过把东林村绿色用能场景串珠成线，打造绿色美丽乡村研学线路，走出"农文旅"融合发展新路。

多重价值

经济价值

东林村通过运用生态循环生产技术和能源绿色转型，节约了循环农业生产成本，增强了产业的集聚，提升了农产品附加值，带动了乡村发展。每年节省粮食烘干费用约为78万元；节省设备租赁服务费13万元；稻米深加工拳头产品——γ-氨基丁酸米的市场零售价为58元/斤[①]，是市场平均价的4倍。集体经济年收入达5637万元，可支配收

[①] 1斤=500克。

入达 3180 万元，村民人均收入 4.5 万元，成为远近闻名的乡村振兴新典型。"零碳"乡村的光伏建设预计每年将为东林村带来 32 万元收入，相当于 640 亩农田种植的收益。

社会价值

该模式已获国家、省领导的高度关注，为在太仓市推广形成了一条新的路径，先后被中央电视台、新华社等央媒报道 10 余次。东林村先后获得"国家级生态村""国家森林乡村""全国农民合作社 500 强""国网公司助力乡村振兴示范村""江苏省最美乡村""江苏省主题创意农园"等 20 余项荣誉称号。

环境价值

由于农业废弃物循环再生利用，实现了农产品品质改善、农田地力培肥、农村生态环境改良的共赢效果，化肥减量 30%，农药减量达 25% 以上，土壤有机质含量达到"东北黑土"标准。通过分布式光伏、粮食烘干"油改电"等零碳乡村建设，实现全村 10% 的电力供应清洁化，每年减少二氧化碳排放 2730 吨、二氧化硫 8.9 吨、氮氧化物 7.8 吨，计划 2025 年实现"零碳"目标。

未来展望

总结东林零碳乡村经验，完善"政府主导、电网支撑、各方参与"的低碳乡村工作机制，与更多的乡村结成"绿色发展伙伴"，构建起规划建设协同、产业发展协同、富民增收协同、乡村治理协同和低碳发展协同的连片发展方式，助力太仓农业农村绿色低碳高质量发展。

三、专家点评

农业的低碳发展、可持续发展，是我国达成"双碳"目标重要的组成部分，也是我国实现农业现代化的必经途径。国网太仓市供电公司在助力太仓市东林村建设"零碳乡村"的过程中，以绿色电力赋能乡村振兴，立足东林村资源基础，联合各方推动当地循环农业产业升级，并积极推广绿色农业的先进理念与经验。国网太仓电力公司的实践，不但证明能源行业与农业可以是协同进步的"绿色发展伙伴"，更助力东林村成为新农村可持续发展的一个优秀范例。

——清华大学经管学院教授、苏世民书院副院长 钱小军

（撰写人：曹诗雨、程前、王晓平、杨焘）

乡村振兴

国网安徽省电力有限公司凤阳县供电公司

振兴在小岗　"智电"满粮仓

一、基本情况

公司简介

凤阳县位于安徽省东北部,淮河中游南岸,长三角城市群,有"帝王之乡""花鼓之乡""改革之乡""石英之乡""曲艺之乡"之称,是安徽省历史文化名城。闻名全国的大包干发源地,就在凤阳县小岗村。1978 年一个寒冬腊月的晚上,凤阳县小岗村的 18 位庄稼汉聚集在村头一间破旧的茅草屋里,签下了"大包干"的生死契约。从此,势如破竹的农村改革在皖东起步、率先在安徽突破,并以磅礴之势推向全国,形成不可阻挡的滚滚洪流。

2023 年是农村改革 45 周年,国网安徽省电力有限公司凤阳县供电公司(以下简称国网凤阳县供电公司)牢记习近平总书记视察安徽亲临小岗村时的殷殷嘱托,持续发力,久久为功,加快推动助力美丽小岗乡村振兴行动,加速驶入现代农业发展的"快车道"。

行动概要

粮稳天下安。习近平总书记指出:粮食安全是"国之大者"。国网凤阳县供电公司认真落实国家乡村振兴战略,紧扣小岗村现代农业发展核心,坚持政企协同、各方参与、创新创造的原则,联合地方政府、村委会、现代农业、种粮大户等开展农业生产全流程电气化农机(器)具推广应用,以"数智联动"助力智慧农业多元化,"数智农机"助力农业生产电气化,"数智大棚"助力农村产业高效化，"数智低碳"助力农业转型规模化，实现农业电气化，"智电"满粮仓，助力小岗村持续走在乡村振兴最前沿，打造长三角电气化智慧农业"绿色标杆"。

二、案例主体内容

背景／问题

中国改革发端农村、源起小岗。小岗村作为中国农业改革第一村，在农业农村方面有良好的基础、条件和优势，但在传统农业向现代农业的转型过程中面临一些短板，主要表现为：

一是转型不迫切，生产不高效。种粮农户使用的农机农具多以煤油、柴油为动力，碳排放高。村民对农业生产方式抱有老观念、老思想、老传统，对电气化、现代化、数字化智慧农业持等待观望态度。

二是优势不互补，联系不紧密。村民、种粮大户与小岗村引进的智慧农业企业之间"独唱多""合唱少"，粮农与粮企"结对子"意识不强、供电企业与粮农粮企联系不紧密。

三是服务不聚焦，方法不先进。供电企业对智慧农业的示范性、引领性不强，村民缺少对智慧农业的直观感受。小岗村部分工厂企业客户侧用能优化控制自动化水平低、清洁能源利用不充分、能耗高。

四是生产不多元，影响不深远。小岗村现代农业规模化、产业化、市场化的现代农业之路"大而不强"，"有品牌没有产品""有人气缺少财气"，乡村振兴"小岗样板"、智慧农业"小岗品牌"需要进一步提升。

行动方案

农业是本，土地是根。国网凤阳县供电公司党委与小岗村党委结对联创，党建引领助振兴，村企联建促发展，紧贴农业生产全电化、数字化、智能化，开展小岗村电气化智慧农业生产示范建设。

"数智联动"助力智慧农业多元化

国网凤阳县供电公司主动对接政府部门、小岗村"两委"，积极推动"数智联动"、合作共赢。与北大荒农业集团深度合作，一是固化合作方式，大力宣传电气化农业生产优势和特点，并结合电网数字化转型，以数字化手段赋能农业生产，精准高效监控农作

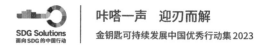

物种植环境、种植条件、土壤参数。二是优化互利机制，大力推广农业生产领域能源托管，打造"数字电网"+"智慧农业"相结合的互利互惠新模式，形成电气化智慧农业改革助力乡村振兴典型案例并宣传推广。三是催化数字转型，积极融入中央网信办"数字小岗"整体规划，助力乡村振兴战略全面推进，实现农业生产领域提质增效，促进更多农业生产企业从"要我转型"向"我要转型"转变。

北大荒农业集团在小岗村流转承包 600 亩农田，在凤阳县流转承包 2 万亩农田，在前期合作的基础上，试点探索水稻育秧、种植、田间管理到收割、收储等各环节推广电气化农机具，利用物联网、大数据等现代信息技术，搭建智慧农业监测管理平台，实现了大田水稻标准化、科学化和智能化种植。

凯盛科技集团在小岗村建设农业产业园，将现代农业设施与新能源光伏进行融合，采用先进的半封闭型联栋温室，配合服务区屋顶光伏发电组件，大力推广 BIPV 建筑光伏一体化大棚，真正做到了农光互补互融，同时通过数字化、精细化控制进一步促进大棚能效水平提升，提质增效，降低碳排放。

小岗村种粮大户程夕兵，开展农业"耕种管收"全程电气化、数智化转型，通过插秧机、播种机、收割机、植保机、无人机等，实现了从传统人工种地到现代化、无人化、机械化农业生产的重大突破。

"数智农机"助力农业生产电气化

北大荒农业集团在小岗村开展高标准大规模示范农田建设，该项工作需要大量的拖拉机、催芽机、包衣机、收割机、喷药机等电气化农机具。

走访联商增共识。国网凤阳县供电公司认真挖掘电气化农机具推广市场，探索推广模式，与北大荒农业集团、国网综合能源公司蚌埠分公司多次洽谈、深度合作，推动在育秧、插秧、田间管理和丰收四个阶段使用电动浸种催芽箱、无人机、电动种子包衣机、播种流水线、纯电动农用运输车等电气化农机具，推动粮食电烘干、智慧仓储基地建设。

资本联合促共赢。一是建设智慧农业电气化生产示范区。以国网综合能源公司蚌埠分公司出资、北大荒农业集团租赁、国网凤阳县供电公司常态指导的方式，在小岗村建设智慧农业电气化生产示范区，打造电气化农机农具集中管理、租赁、充电示范点，推进农业生产加工全产业链电气化。目前，该示范区已拥有 6 台电动农用运输车、4 台气象环境监测仪、9 台土壤墒情监测仪、2 台无人扬肥机、2 台电动浸种催芽机、2 台电动种子包衣机、1台播种流水线、1套轨道运输车设备等电气化农机装备。二是建设农机研发创新示范基地。增加投入研发资金，与国家农机装备创新中心联合研发电气化农机农具，推动电动插秧机、电动收割机等农机装备研发进度。

科技联动优共建。建设乡村智慧用能（CPS）平台，与北大荒农业集团物联网环境数据采集设备联动，实时采集回传农机作业位置、影像、用电量等数据，合理调配、安排农机农具的使用路线，提高农机农具利用效率。

供电所员工通过电动农用运输车帮助农户运输秧苗

"数智大棚"助力农村产业高效化

2023年，凯盛浩丰凤阳县数字智慧农业温室大棚项目落户小岗村，该项目是智慧农业发展的典型代表。国网凤阳县供电公司启动业扩报装"绿色通道"，"数智大棚"在第一时间通电投运。

"用能＋智慧农业"更科学。国网凤阳县供电公司依托乡村智慧用能（CPS）平台，为大棚提供能效诊断、用能优化等线上服务。提供大棚种植"八感八控"、数据信息感知、用能精准分析等功能，实现对大棚内相关电气化设备的智能管控、用能分析和电、水、化肥、农药等精准使用，提高农产品产量与质量。

"光伏 + 智慧农业"更高效。 农业大棚屋顶及立面采用中国建材集团 CIGS 光伏发电组件，大棚周边采用光伏式围墙，提高清洁能源使用率，推动传统农业向现代农业转型。国网凤阳县供电公司大力实施"预并网"服务，一是安排专属客户经理在项目可研、备案、评审等环节开展全流程服务；二是积极将并网点投资至客户红线，落实最优供电方案，降低客户办电成本；三是同步收集办电及备案材料，开展电网接入点的勘察，提前开展设计、施工，确保备案结束即具备并网条件。

供电所党员服务队服务凯盛浩丰数字智慧农业温室

"数智低碳"助力农业转型规模化

为更好地满足小岗村种粮大户农业生产用电需求，国网凤阳县供电公司与程夕兵农机合作社等粮农广泛合作，推广电气化农业生产新模式。

实施引导体验，助推思想认识升级。 认真落实"人民电业为人民"的企业宗旨，在小岗村供电所建设集服务、展示、体验于一体的智慧能源服务营业厅。设置乡村电气化展区、电能替代专区、绿色出行区等功能区，让农户感受到数字化、电气化、智能化农业生产带来的便利和实惠，引导广大村民向现代农业转型。

结对种粮大户，助推供电服务升级。供电手拉手，粮农心连心。国网凤阳县供电公司结合小岗村农业生产的特点，组织供电所员工实施"结对粮农志愿红"活动，在结对粮农中强党性，在保障丰收上建新功。已与 7 名种粮大户、3 个种植合作组、112 位村民实现结对，变"靠天吃饭"为"靠电吃饭"。结合"二十四节气表"及粮食生产用电特点，结对人员采取包片、包村、包线、包机井等方式建档立项，逐一制定用电隐患排查方案，加大对水稻集中种植区域的配电线路和供电设备的巡检维护力度，实现"排灌设备不停电、客户缴费不出门、优质服务不断档"。

聚焦田间管理，助推智慧灌溉升级。小岗村供电所结合小岗村"岗地"地貌和灌溉需求，打造"村网共建，指尖排灌"服务品牌。面对农业排灌，架起共享电表安全用电之桥。在水源点统一安装"农业排灌共享电表"24 块，使用次数已达 2300 余次，解决农业生产季节性抽水成本高、用能不环保的问题，农户利用手机客户端扫描支付费用后即可用电，抽水排灌便利高效。面对岗地（坡度较平缓的丘陵地带上的旱田）需求，架起共享电池便利灌溉之桥。建设储能电池集中管理和集中充电点，村民可通过扫码缴费的方式便捷地租赁储能电池，用于边角农田的应急灌溉，助力农业灌溉便捷化、抽水方式多样化。面对规模种植，架起智慧排灌精准灌溉之桥。筹措资金投入，在北大荒高标准农田安装部署光伏智慧排灌系统，实时感知田间水位、实时监测农作物生长情况和水情。远程智能控制田间各排灌闸口，实现水稻生长精准灌溉。安装太阳能板和地埋蓄电池，为智慧排灌提供电力。

落实科技养护，助推田间设备升级。地方政府在田间地头投资建设"风吸式杀虫灯"，杀虫种类多、杀虫范围广、可以有效防范各种鳞翅目害虫，利用光伏发电为设备提供电能，实现绿色种植，每年可为农户节约电能 6 万元、降低碳排放约 2.32 吨。

提升品质效率，助推农业加工升级。为实现农产品加工中高能耗环节的精准监控，助力企业安全用电、节约企业用能成本，国网凤阳县供电公司深度挖掘小岗盼盼食品有限公司、蒸谷米有限公司电能替代市场，引导企业开展粮食电烘干，增加物联感知终端，助力农产品加工智能化精确控制，提高农产品加工品质和生产效率。

关键突破

从"一枝秀"到"春满园"，现代农业"布满"小岗

小岗村先后引进安徽农垦集团、北大荒农业集团、凯盛浩丰公司等企业，带动当地农业走上规模化、产业化、市场化的现代农业之路，成功创建国家农业科技园区，扶持培育合作社 20 个、家庭农场 11 家。无人机、物联网、智慧大棚等越来越多的现代科技与农业碰撞出奇妙火花。在小岗现代农业示范田中，稻田画随风荡漾；以田为纸、以苗为墨，画出了现代农业发展的美好图景，为旅游等三产创造了网红打卡地。

从"老把式"到"新农人"，智慧农业"溢满"粮仓

北大荒农业集团通过电气化农业生产示范区建设，将普通农田改造为高标准示范田，原先水稻每亩均产不足 900 斤，改造后水稻每亩均产约 1500 斤。同时带动 18 户种粮主体实现了增产增收。种粮大户程夕兵推行订单生产，统一水稻品种，每斤比市场价高 0.15 元左右。凯盛浩丰集团通过电气化智能大棚建设，采用数字化手段赋能农业生产全过程，减轻人力成本，增加设备运维的智能性、可靠性。

从"传统管"到"精准促"，供电服务"结满"硕果

国网凤阳县供电公司在电气化智慧农业建设过程中，不断总结提炼相关经验，农户通过智能化农业排灌方式，提高抽水排灌便利性、提升排灌用电安全性，每户每年可节约成本约 670 元。通过智慧农业"绿色标杆"助力中央网络安全和信息化委员会办公室"数字小岗"整体规划落地，荣获国家电网公司"助力乡村振兴示范点"荣誉称号。

从"小岗村"到"长三角"，农业品牌"誉满"华东

2022 年 6 月 23 日，首届长三角绿色食品加工业大会在小岗村圆满举行并被确定为永久会址。会议发布了《小岗宣言》，构建了全国第一个乡村振兴产业联盟，做强安徽农产品加工业，促进乡村产业振兴。会议将农业农村绿色智慧发展从小岗村推广到长三角，成为长三角乡村振兴的"绿色标杆"。

多重价值

开启乡村振兴新引擎

2021 年 4 月，国网安徽省电力有限公司将"美丽小岗、零碳乡村"示范项目列为安徽省乡村电气化示范重点项目之一，确认并实施了农业排灌共享电表、电动农用运输车等共 14 个乡村电气化示范项目。2023 年 5 月，国网凤阳县供电公司优化调整"小岗

村电气化示范区"建设方案,以"电气化农机具和智慧农业监测管理"为方向,规划建设智慧育秧中心、光伏智能排灌系统等9项重点任务,同步与国家农机装备创新中心、北大荒农服中心合作研发电动插秧机、电动收割机项目,助力高效、智慧的新型现代农业转型,带动农业生产电气化水平的提升。

实施人民电业新服务

国网凤阳县供电公司党员服务队常态实施"我为群众办实事"活动,针对农田、水渠集中区域,统一安装农业排灌共享电表,省去了农户用电报装的时间,通过扫描电表二维码,实现抽水排灌远程控制和电费实时结算的功能。规范化整治抽水线路,消除撕拉乱接等安全隐患,有效提升农户抽水用电的安全性和可靠性。共享电表已覆盖500亩农田,彻底解决76户农户抽水排灌难题。针对农田、水渠分散,排灌用电需求大的区域,国网凤阳县供电公司党员服务队以"二十四节气表"为参考,架设临时排灌线路,实现农忙时期排灌抗旱水泵即插即用,解决了电网投资周期长和成本大等问题,快速、高效方便农户用电。

小岗村供电所员工指导村民使用农业排灌共享电表

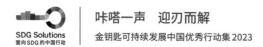
构建绿色农业新格局

首届长三角绿色食品加工业（小岗）大会发布了《小岗宣言》，并成立了小岗乡村振兴产业联盟，这也是全国第一个乡村振兴产业联盟。作为中国农村改革发源地的小岗村，吹响了绿色食品产业"双招双引"的集结号。2023 年 4 月，安徽省委一号文件要求加强农业基础设施建设，深入实施"两强一增"（科技强农、机械强农，增加农民收入）行动，新增长三角绿色农产品生产加工供应基地 100 个，加快推动从农业大省向农业强省跨越。安徽省绿色食品产业全产业链产值由"十三五"时期的 1.753 万亿元发展到 2.568 万亿元，年均增长 7.9%。

各方评价

凤阳县相关负责人："农业电气化、智电满粮仓。既有产值，也有颜值，更有价值。欢迎来小岗村打卡，徜徉希望田野。"2021 年，凤阳县农业农村局、凤阳公司、北大荒集团签订了《智慧农业电气化生产示范区战略合作协议》，推进小岗村农业绿色发展。2023 年，小岗村村委会、国网凤阳县供电公司、北大荒集团签订《小岗村长三角绿色农产品生产供应基地战略合作框架协议》。

凤阳县农业农村局负责人：电气化农机农具市场前景广阔，绿色低碳发展是未来农业发展的方向。

北大荒农业股份有限公司七星分公司小岗示范区负责人：国网凤阳县供电公司打造电气化农机农具集中管理、租赁、充电示范点，推进农业生产加工全产业链电气化，实现从田间育苗到加工销售的全流程服务。建设乡村智慧用能（CPS）平台，与北大荒农业集团物联网环境数据采集设备联动，为农业生产提供数字化管理依据，实现农业生产领域提质增效，示范区水稻亩产增长 300 斤，水稻品质提升后，每斤售价比原先高出 0.15 元。

凯盛浩丰公司电力负责人：智慧玻璃温室大棚里长出来的番茄、黄瓜，经过电气化智能设备严格分拣、配货、装箱，高品质、高颜值、口感佳，销往全国各地，好评率达 99.99%！

农户：共享电表农业排灌解决了灌溉难、成本高的问题，增强了抽水排灌的安全性，电排灌代替原有柴油机排灌方式，直接使用 App 就能扫码用电排灌，降低排灌成本。

传统人工扬肥每亩地费用大约在 0.9 元，电气化无人机扬肥每亩地只要 0.6 元，原先人工扬肥需要 2~3 天的农田，无人机只要半天就能完成，既为我们省了不少钱，又节约了大量的时间。

社会媒体：《当"智能电"遇上乡村振兴》通讯稿登上《农民日报》；《小岗村：在希望的田野上》在《国家电网报》头版刊登；《安徽凤阳："智慧能源"助力小岗产业智能化》《凤阳供电："皖美"连小岗"智电"满粮仓》《电力科技为智慧农业加装"科技引擎"》《"共享电表"进田头，农忙灌溉用电无忧》等 45 篇新闻报道先后在中国新闻网、新华社客户端、学习强国、《安徽日报》等媒体刊发报道，讲好"智电"满粮仓，赋能小岗村智慧农业领跑"长三角"，助力乡村振兴的电网故事。

未来展望

2019 年 5 月，中共中央办公厅、国务院办公厅印发的《数字化乡村发展战略纲要》，确定了加快农村地区电力等基础设施的数字化、智能化转型，推进智能电网、智慧农业等建设，是党中央在新时代对乡村电气化建设的新要求。2023 年 4 月 20~21 日，第二届"长三角绿色食品加工大会"在小岗村召开，确定在经济飞速发展的小岗村，现代化绿色农业生产方式尤为重要。安徽省相关领导在讲话中指出，安徽将用市场的逻辑、资本的力量、开放的平台汇聚要素资源，推动绿色食品产业放量发展。

国网凤阳县供电公司将是助力乡村振兴履行社会责任的"主战场"，坚持以电力数据为抓手，充分挖掘农业农村农民对智慧电力服务的真实需要，紧扣小岗村现代农业发展核心，全力以赴用满格电为乡村振兴充电赋能。

（撰写人：韩辉、李志杰、高文薇、李曼曼、尚帅）

乡村振兴

国网江苏省电力有限公司涟水县供电分公司

从"看天吃饭"到"靠链增收"

——聚合多方力量，助推芦笋产业融合发展

一、基本情况

公司简介

国网江苏省电力有限公司涟水县供电分公司（以下简称国网涟水县供电公司）为国家电网公司下属的县级供电企业公司。担负着涟水县城乡 4 个街道、12 个乡镇、1 个省级经济开发区的电网建设和供电任务。现有员工 777 人，服务用电客户 55.38 万户。共有 500 千伏及以下变电站 28 座、变电容量 496.03 万千伏安。涟水县电网 35 千伏及以上输电线路 73 条、1026 千米，10（20）千伏配电线路 292 条、4891.92 千米，配变 7570 台、容量 262.61 万千伏安。

行动概要

国网涟水县供电公司作为推动产业转型升级的能源主力军，始终贯彻可持续发展理念，积极服务涟水县创成国家级设施化芦笋标准化示范区，根植影响管理理念，统筹全产业链发展，立足相关参与方视角，积极串联各方优势资源，通过实施芦笋反季节种植、田头冷链运输等电气化改造，并对芦笋种植、采收、加工、运输、销售全流程进行优化提升，引领芦笋产业迈上绿色高效发展的"快车道"。

二、案例主体内容

背景 / 问题

党的十九大报告强调要"实施乡村振兴战略"，并提出了"产业兴旺、生态宜居、乡风文明、治理有效、生活富裕"的乡村振兴总要求。习近平总书记明确了产业在乡村振兴中的定位，"乡村振兴，关键是产业要振兴"。近年来，江苏涟水县红窑镇成功创建成为"全国一村一品示范镇""国家设施芦笋标准化示范区"，该镇作为涟水县乃至全省最大的设施化芦笋生产基地之一，目前已形成从芦笋种植、采收、加工、运输到市场的完整产业链条，芦笋产业逐渐成为涟水县实施乡村振兴、助力村民迈向共同富裕的支柱性产业。

芦笋种植基地全景

以往，涟水地区芦笋种植只是单季产出，每年只有 3~10 月适合种植，产能受到极大限制，制约了特色产业发展和农民创收致富。实施电气化种植，推动芦笋全年全天候产出成为亟须解决的问题。因此，国网涟水县供电公司作为推动产业转型升级的能源主力军，积极服务涟水县创成国家级设施化芦笋标准化示范区，根植影响管理理念，统筹全产业链发展，积极串联各方优势资源，对芦笋种植、采收、加工、运输、销售全流程进行优化提升，引领芦笋产业迈上绿色高效发展的"快车道"。

行动方案

国网涟水县供电公司转变传统思路，以产业融合发展为切入点，以为各方创造综合价值为着力点，以畅通多方沟通协调机制为保障点，组织各方主动加入项目研究与实施，形成"政府主导、供电推动、部门协同、产业参与"的多方共赢推进模式。

思路创新

聚焦影响管理，由业务导向到责任共担

担责的核心是有效管理企业决策和活动对相关方、社会和环境的影响，国网涟水县供电公司充分考虑推动芦笋种植电气化后对芦笋产业链带来的直接影响和间接影响，包括产量提升对运输能力、储存能力及销售能力带来的挑战等，致力化解全流程中可能对种植户带来的风险，最大限度地减少消极影响，增加积极影响。

明确责任边界，由合规履责到价值最大

根植边界管理理念，对内而言，基于供电公司自身资源条件能力的约束，明确其在芦笋种植、采收、储运及销售各环节的主要职责；对外而言，充分把握相关各方的诉求，以换位思考的角度和将心比心的态度，有效引导参与各方期望，平衡不同相关方、不同环节流程的诉求。

引入外部资源，由内部协同到共商共建

转变内部视角和工作方式，识别与芦笋产业发展的相关方，分析其核心诉求及资源优势，以此作为各方合作推进产业升级的基础。积极构建多方交流沟通平台，破除项目推进过程中的信息壁垒，使各方的工作目标、推进障碍、疑难困惑等进一步透明化，促进各方在本案例各环节有效参与共商共建，从而凝聚多方合力共同助力芦笋产业转型升级。

实施举措

国网涟水县供电公司统筹考虑芦笋种植智能化转型对后续采收、储运、销售等环节的影响，积极协调政府、企业、供应商等参与方的政策、资金、技术等资源优势，致力消除智能化种植对产业链的负面影响，扩其对产业链的正面影响，在各方权责分明的基础上实现多方合作共赢，助推芦笋产业良性发展。

当好"调查员"，明确多元化诉求

系统梳理芦笋产业链上下游相关方，通过问卷、走访、座谈会、实地体验等多种方

式，对政府、农业局、气象局、种植户、设备供应商等进行深入调研，仔细了解其诉求、合作意愿，明确各方在芦笋种植、采收等环节能发挥的具体作用，作为多方合作共推产业升级的决策依据。国网涟水县供电公司立足外部视角、精准识别可以纳入的相关参与方，由涟水县委、县政府出台芦笋发展相关政策文件，将芦笋种植作为农业特色产业来培育，并在全县予以推广，分别从政策推动、技术驱动、协会互动、品牌带动、三产联动、市场拉动等多个方面给予支持和推动。同时，由当地政府建设芦笋产业园，引进外部企业或本地龙头种植户投入芦笋深加工生产线，供电公司对生产线、冷链仓储等实施电气化升级改造，实施移动冷链车租赁共享等措施，多方合力，助推产业发展。在产业规模壮大方面，以红窑芦笋产业示范园为核心，辐射五港、黄营、梁岔、唐集等周边镇街，形成多点开花、聚力一处的芦笋发展格局，让芦笋成为涟水县走得出、叫得响、成规模、效益高的特色产业。

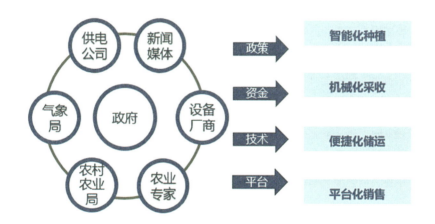

本案例项目实施路径

当好"服务员"，加速智能化种植

国网涟水县供电公司积极串联政府政策、专家技术、党建服务等优势资源，破解芦笋智能化种植改造的痛点。针对当前部分种植户改造意愿不足的情况，积极拜访对接政府，宣传智能化种植芦笋的优势效益，促成县政府制定出台了《关于推进芦笋产业发展的六条意见》，从政策推动、技术驱动、协会互动、品牌带动、三产联动、市场拉动六个方面给予支持和推动，设立县级产业引导资金，对新扩芦笋按面积进行补贴，

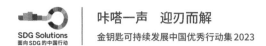

芦笋栽植成活后，第一年补 800 元 / 亩、第二年补 700 元 / 亩，有效地激发了农户种植参与改造建设的意愿。为便于优化智能大棚能源管理，国网涟水县供电公司积极联合气象局、软件公司打造一体化能效管理平台。该平台接入气象局的监测数据，可实时获取芦笋种植基地的空气温度、空气湿度、土壤温度等气象信息，并在线监测各个智能化大棚的用能情况和棚内环境量，国网涟水县供电公司基于以上信息进一步为用户提供能效分析评估、节能目标控制、能源优化策略等增值服务，尽可能地帮助种植户优化能源行为，减少能源方面的支出。

当好"联络员"，推进产业技术升级

国网涟水县供电公司积极协调农业局，促成其投入专项资金为采购电动农业设备的种植户提供资金补贴。同时基于良好的社会公信力及电力相关专业知识，对相关仪器设备的性能功耗等指标进行全面对比，向种植户推荐性价比高的设备供应商，并在批量采购的基础上为种植户争取价格优惠。定期开展种植户反馈评价，对设备的表现、供应商售后服务等情况进行测评，对表现优异的供应商给予优先推荐，倒逼设备供应商产品和服务的持续升级，让种植户真正享受无忧机械化操作。

在芦笋全产业链发展过程中，涟水县委县政府、涟水县农业农村局、红窑镇政府、国网涟水县供电公司等利用各自优势，在产业基础设施建设、种植技术、电力保障等方面采取有效措施，通过聘请农业院校、省农科院等专家技术团队，实现产、学、研合作，编制芦笋种植技术规程等相关标准，共同研究解决改土、防病、高产等芦笋种植的技术难题。在芦笋栽培管理的关键节点，通过举办芦笋栽植技术专题培训会、现场会和"农技夜校"，培育"土专家"，形成"县、镇（街道）、基地"三级技术培训体系。以红窑镇省级现代农业产业园为载体建立芦笋试验示范基地，试验新品种、新技术、新模式，发展推广优质高产的品种和配套的栽培技术。

当好"物流员"，支持便利化储运

为满足芦笋产业运输存储需求，国网涟水县供电公司秉持互惠共赢的理念，联合储运公司创新打造"共享式"移动冷链仓储配套设备，有储运需求的种植散户仅需根据产品量支付一定的冷藏电费和管理费即可享受服务，实现一次采摘、分批销售。移动冷库的拆除非常便捷，可以直接运送到有需求的地方继续组装使用，基本能覆盖整个芦笋种植基地。

打造"共享式"移动冷链仓储配套设备

当好"助销员"，实现平台化销售

国网涟水县供电公司联合政府等机构，大力实施"互联网＋芦笋"销售战略，加快建设涟水智慧芦笋产品综合服务平台，覆盖芦笋生产、加工、销售环节，同时，大力拓宽综超、农贸、专卖店等线下销售渠道，实现线上线下同步营销。

"迎秋丰 苏电助农"在芦笋基地现场直播

通过组织芦笋企业参加全国性、地区性农博会、展销会、推介会，不断拓展销售市场。将芦笋深加工作为芦笋产业升级融合的重点，大力招引以芦笋产品精深加工、综合利用为重点的加工企业，逐步构建起完善的芦笋产品研发、精深加工、仓储冻库、冷链物流和渠道销售体系，进一步拉长芦笋产业链条，提升涟水芦笋品牌的价值度和知名度。

多重价值

经济价值

降低芦笋种植生产成本。 本案例助推了涟水芦笋产业的智能化转型，应用现代化感知及控制技术实现芦笋全年全天候产出，有效提升芦笋年产能，并通过智能感知、智能预警、智能决策、智能分析技术的应用，实现农业大棚生产过程的能耗分析管控，降低约 20% 的芦笋产业园生产成本。

提升芦笋种植产业效益。 以目前已经建成电气化示范大棚的春竺芦笋基地为例，该基地共有规模化芦笋种植大棚 2000 亩，按照全部应用电气化种植预测，此举每年可产生效益 2 亿元、为种植户增收 160 万元、为村集体经济增收超 20 万元，带动当地就业近 200 人。

社会价值

芦笋基地建成电气化示范项目，同步实施芦笋基地数字化"共享式"移动冷链仓储项目建设，一方面有效保障了芦笋产业做大做强，带动了当地经济发展；另一方面具备良好的示范效应，加速了涟水县乡村电气化进程。

本案例实施后，国网涟水县供电公司累计推广电气化项目 700 余个。同时，智慧农业项目实施过程中收集的土壤环境、气象等技术数据便于生态环境局、气象局精准掌握当地农业发展试验数据，更科学地制订乡村产业结构发展规划及相关决策，为后续乡村振兴发展奠定坚实基础。

品牌价值

国网涟水县供电公司在案例实施过程中始终坚持人民电业为人民宗旨，同步做好保姆式电力服务延伸，树立了"党建＋服务特色农业"国网公司助力乡村振兴战略品牌，形成了推动芦笋产业升级的"涟水模式"。

近年来，国网涟水县供电公司助力涟水县芦笋产业转型升级相关事迹，先后在中央电视台、《人民日报》、新华社、学习强国、新华网、交汇点等多平台播出、刊载传播，累计上稿 40 余篇，其中 2022 年 8 月中央电视台新闻联播栏目用时长 3 分钟报道了"田头冰箱"（移动冷链车）解决高温天气芦笋保鲜问题的特色做法，随后被焦点访谈、东方时空、新闻直播间等中央电视台 5 个栏目连续报道，累计时长 21 分钟，形成了良好的品牌效应，彰显了供电企业负责任的社会形象。

未来展望

围绕芦笋产业一体化建设，实施芦笋产业链电气化工程，全方位融入芦笋深加工研发、生产、销售及品牌一体化的建设，助力芦笋产业发展壮大，建成芦笋深加工生产线，加上涟水现有的鸡糕、捆蹄等非遗农副产品，形成规模，可吸引食品加工企业的进驻，打造红窑特色工业集中区。

同时，通过牵头实施返乡入乡创业项目，邀请涟水籍企业家开展项目实地考察、洽谈合作，助力他们在返乡之路上舒心创业、放心投资、安心发展，在此过程中，加强与县融媒体中心、当地网络达人的衔接和协调，充分利用各类节庆活动，通过网络、短视频、公众号等平台宣传推介芦笋产品，积极构建"政企结合、以企助农、以旅富农"的产业格局，助力乡村振兴、推动地方经济发展。

三、专家点评

从"看天吃饭"到"靠链增收"项目，通过政策引导、产业链整合、示范引领等多元化手段，实现了芦笋从种植、采收、存储、加工到销售的全产业链融合发展，有效提升了芦笋产业的经济效益、社会效益和品牌效益，有力地推动了乡村振兴战略的实施，进一步巩固和提升了芦笋产业在助力全县经济社会发展中的重要作用，是一次成功的产业融合发展实践。

——江苏省淮安市人大代表、涟水县芦笋协会会长　郑标

（撰写人：潘爽、丰其生）

乡村振兴

微众银行

普聚金融服务，
共绘乡村振兴新画卷

一、基本情况

公司简介

作为国内首家数字银行，微众银行以"让金融普惠大众"为使命，以科技为核心发展引擎，秉持成为"融入生活、持续创新、领先全球的数字银行"的战略愿景，坚守依法合规经营、严控风险底线，专注为普罗大众和小微企业提供更为优质、便捷的金融服务。

自成立至今，微众银行积极探索践行普惠金融、服务实体经济的新模式和新方法，取得了良好的成效。目前，微众银行的个人客户已近4亿人，小微市场主体超过450万家，涵盖中小微企业、个体工商户、新蓝领及年轻白领等多层次群体，覆盖农民、城镇低收入人群、贫困人群等广泛的普惠金融客群。微众银行已跻身中国银行业百强、全球银行1000强，在民营银行中首屈一指，并被国际知名的独立研究公司Forrester定义为"世界领先的数字银行"。

微众银行诞生于金融供给侧结构性改革的背景下，是中国金融业的"补充者"，专注普惠金融的定位，发挥数字科技的特色优势，初步探索出独具特色、商业可持续的数字普惠金融发展之路，为我国银行业服务实体经济和促进高质量发展提供了崭新的思路和范例。

行动概要

作为国内首家数字银行，微众银行专注为小微企业和普罗大众提供更优质、更便捷的金融服务，运用金融科技探索践行普惠金融、服务实体经济的新模式和新方法，并坚持依法合规经营、严控风险。

　　微众银行依托数据科技能力，通过将拳头产品"微粒贷"业务核算落地的方式，定向为县域贡献税收，由当地政府将相关税收投入各项"乡村振兴帮扶项目"中，打造高质量的乡村振兴样板，为县域经济发展提供有力支撑。截至 2023 年，微众银行携手合作银行累计为原"国家级 / 省级贫困县"贡献增值税超 26 亿元，其中，为 6 个国家乡村振兴重点帮扶县贡献增值税超 3 亿元。

二、案例主体内容

背景 / 问题

　　2015 年起，中共中央、国务院做出脱贫攻坚战的决定。2016 年 3 月 16 日，中国人民银行、国家发展改革委、财政部、中国银监会、中国证监会、中国保监会、国务院扶贫开发领导小组办公室联合印发了《关于金融助推脱贫攻坚的实施意见》。该意见分

微众银行

为准确把握金融助推脱贫攻坚工作的总体要求、精准对接脱贫攻坚多元化融资需求、大力推进贫困地区普惠金融发展、充分发挥各类金融机构助推脱贫攻坚主体作用、完善精准扶贫金融支持保障措施、持续完善脱贫攻坚金融服务工作机制几个部分。

在实际业务过程中，微众银行一直在思考通过自身的力量助力全国脱贫攻坚事业。2016 年，微众银行"微粒贷"正式上线运行，与合作银行的联合贷项目也顺利上线，并且取得了不俗的成绩。微众银行与合作银行的第一个金融扶贫尝试落地在重庆，随着社会效应的逐步体现，截至 2020 年 12 月底，"微粒贷"金融扶贫项目正式落地全国 42 个贫困县（其中国家级 32 个），有效助力各地脱贫攻坚。

2021 年，全国打赢脱贫攻坚战，乡村振兴战略提上日程。全面推进乡村振兴是缩小城乡差距、建设社会主义现代化强国的重大战略。如何继续充分发挥自身的定位优势，践行"让金融普惠大众"的使命，持续做好脱贫攻坚与乡村振兴有效衔接，为实施乡村振兴战略持续贡献金融力量，成为微众银行的新命题。

行动方案

在 2020 年"脱贫攻坚战"取得全面胜利、中央号召全面推进"乡村振兴"后，"微粒贷"延续原有扶贫举措，继续重点对接国家乡村振兴重点帮扶县。

"微粒贷"金融乡村振兴帮扶项目是微众银行对原有金融扶贫项目的升级。同样，基于联合贷款合作模式，微众银行与原有金融扶贫落地县以及合作银行沟通，将微粒贷联贷业务继续核算落地到县域分支机构，定向为各地县政府贡献税收，其中，重点优化在国家乡村振兴重点帮扶县的落地，由县政府将相关税收投入各项"乡村振兴帮扶项目"中，打造高质量的乡村振兴样板，为县域经济发展提供有力支撑。

在推动"微粒贷"乡村振兴帮扶项目落地中，微众银行更加重视各地振兴发展，支持各县域依托当地资源优势，新增税收由落地县政府用于各项基础设施、打造特色产业、修复乡村生态环境，推进美丽乡村建设，推动农民增收、农业增效、农村繁荣。

这一发展模式自身特点切合创新、协调、绿色、开放、共享五大发展理念，对外开放和分享，自然环境融洽，产业链绿色，互联网技术对外开放，共享资源，在形成经济效益的同时，不给自然环境增加负担，不占农用地，不改变本地的绿水青山。

时至今日，金融科技的发展合理地处理了这两个问题。"微粒贷"运用全国各地的互联网等数字技术资源，在没有占用特困县多余资源的情况下，为各县的乡村振兴项目做出了贡献。更重要的是，"微粒贷"乡村振兴帮扶项目不存在新项目培养期，借款一经落地即可奉献税收，款项到位及时。

案例

以重庆市城口县为例，该县是"微粒贷"乡村振兴帮扶项目落地县之一，也是全国160个"国家乡村振兴重点帮扶县"之一。2018年，微众银行携手合作伙伴重庆农村商业银行、重庆银行，先后将"微粒贷金融扶贫项目"落地在城口县，助力"国家级贫困县"城口县脱贫攻坚。城口县被定为"国家乡村振兴重点帮扶县"后，"微粒贷"金融扶贫项目升级为乡村振兴项目，继续为当地贡献税收。

近年来，城口县多管齐下拓宽农民增收致富渠道，紧紧围绕做好乡村产业、乡村建设、不断创新产业发展路径，增强产业发展后劲，打造产业文化品牌，走好新征程上的乡村产业振兴路。

得益于各方支持，城口县积极打造美丽乡村"升级版"，让田园风光、湖光山色、秀美乡村成为"聚宝盆"。把居住功能、产业功能、经济功能等结合起来，创建中国美丽休闲乡村3个、市级美丽宜居乡村10个、市级休闲农业和乡村旅游示范乡镇4个。此外，当地中药材产业、城口老腊肉、城口蜂蜜等生态特色产业持续走强。其中，作为广大农民增收致富的"金字招牌"，城口老腊肉已建立起要素保障、规模养殖、精深加工、市场服务、检验检测、品牌营销全产业链体系，年产值达到10亿元。

案例

云南省昆明市东川区是"微粒贷"乡村振兴模式落地的"国家乡村振兴重点帮扶县"之一。昆明市人民政府金融办公室在评价"微粒贷"乡村振兴帮扶项目时表示，"作为数字银行，微众银行借助数字化特性和金融科技优势，通过将'微粒贷'业务核算落地的方式，定向为县域贡献税收，相关税收由当地政府投入各项乡村振兴帮扶项目中，巩固和拓展脱贫攻坚成果，打造乡村振兴样板，为县域经济发展提供有力支撑"。

多重价值

"微粒贷"乡村振兴帮扶模式，实现了银行合作、县域经济发展、乡村振兴多方共赢的效果。与地方政府传统招商引资方式相比，依托互联网技术，贷款一落地即可贡献税收，一方面提振了当地金融业的发展，另一方面可以让税收资金马上到位，投入乡村振兴项目的时间大大缩短。

新增税收由落地县政府用于各项基础设施、打造特色鲜明的主导产业、修复乡村生态环境，推进美丽乡村建设，为树立"绿水青山就是金山银山"的理念，坚持绿色发展、乡村振兴做出了新贡献。截至 2022 年底，"微粒贷"乡村振兴帮扶项目已落地全国 47 个县域，其中包含 5 个国家乡村振兴重点帮扶县，项目整体上线以来累计贡献增值税超 23 亿元。

此外，2022 年微众银行持续开展消费帮扶行动，全年共采购消费帮扶爱心助农产品逾 4 万份，采购金额逾 922 万元，助力实现乡村振兴。

外部评价

截至目前，"微粒贷"乡村振兴帮扶项目的相关税收由当地政府投入各项乡村振兴帮扶项目中，巩固和拓展脱贫攻坚成果，并得到多个县政府与多家媒体的高度认可与表扬。

凭借"微粒贷"乡村振兴帮扶模式，微众银行成功入围 2022 企业 ESG 乡村振兴优秀案例，该荣誉由新华社、海南省主办的 2022 中国企业家博鳌论坛颁发。

未来展望

乡村振兴是国家战略，需汇集各方智慧。全面推进乡村振兴，加快实现农业农村现代化，离不开金融服务强有力的支持。未来，微众银行将持续凝聚向善的力量，带动更多资源投入乡村振兴相关产业，进一步探索普惠金融创新样板，助力乡村振兴。

三、专家点评

本案例较好地反映了微众银行在参与和支持脱贫攻坚及乡村振兴过程中持续的努力

和业务创新。通过与当地政府、当地金融机构合作，"微粒贷"乡村振兴项目有力地支持了乡村产业、乡村建设及产业发展新路径，生动地展示了普惠金融助力乡村振兴的美好画卷。

作为数字普惠金融的先锋银行，期待微众银行今后继续在更多的地区推广"微粒贷"乡村振兴帮扶项目模式和经验，以金融服务精准助力乡村振兴，不断创新工作机制，厚植其金融产品和服务与不同乡村地区生产要素和特色产业的融合，积极探索与当地金融机构合作，改善乡村金融生态，支持乡村新产业、新业态发展。另外，建议微众银行基于科技赋能、向善而行的理念，不断拓展与不同利益相关方的合作，更加关注乡村老年人、农村生态环境治理等民生问题，在乡村振兴过程中共创更大的经济、社会和生态价值，打造出有中国特色的创新普惠金融模式，为乡村振兴做出更大的贡献。

——西交利物浦大学国际商学院副教授　曹瑄玮

（撰写人：郑茜鸣）

驱动变革

十如
打造可持续发展园林，引领行业转型升级

一、基本情况

公司简介

溢达创立于 1978 年，是全球领先的知识型创新企业。多年来，凭借成功运营纵向一体化供应链所积累的专业智慧，推动传统工业数智化转型。溢达以负责任企业运作为核心，积极拥抱科技创新，并通过贯穿全产业链的研发设计，始终如一地为全球客户提供卓越的产品与解决方案，助力客户迅速回应市场变化，与客户共同发展。十如作为溢达的可持续发展园林，呈现了纺织服装行业开创性的发展模式，结合创新理念、优质就业、文化传承和环境可持续发展，不仅展示了制造业与大自然可以和谐共存，更以实践及成果推动企业智能化转型，迈向中国智造。

十如鸟瞰图

行动概要

作为一家知识型创新公司，溢达将可持续发展根植于战略核心，在山水名城桂林打造的可持续发展园林——十如，在设计、建设、运营的全生命周期都特别关注环境保护，通过降低施工排放、打造绿色建筑、提高能源效率、倡导低碳生活等方式，力求最大限度地降低碳排放；始终积极赋能员工，变革传统，打造 Work 2.0 模式；以开拓创新的精神，打造首个天然染料植物专类园，突破行业染色难题，为应对气候变化做出积极贡献；通过十如对话与基金会等多元平台，持续为可持续发声，促进人类共同繁荣。十如呈现开创性的发展模式，矢志促进业务发展、员工福祉、客户服务和社区发展的持续进步之间取得平衡，引领行业高质量发展，并推动联合国可持续发展目标的早日实现。

二、案例主体内容

背景 / 问题

我国是全球最大的纺织品生产国和出口国之一，纺织行业不仅在国内经济中扮演着非常重要的角色，同时对世界经济和贸易也具有深远的影响。随着全球对可持续发展的认识日益提高，我国的纺织企业也正面临着可持续发展转型的诸多要求与挑战。

首先，环境污染是其面临的首要问题之一。根据联合国环境署的数据，纺织业每年排放的温室气体占全球温室气体排放量的 2%~8%，占海洋微纤维污染总量的 9%，同时每年消耗水 215 万亿升。此外，大量的化学品和能源被用于染色、印染、整理和加工过程中，这些化学添加剂会给环境带去负面影响。

其次，对原材料的依赖也是一个重要的问题。一方面，棉花等自然纤维的产量有限，而合成纤维需要消耗石油等能源资源。另一方面，纺织业存在较高的资源浪费现象，全球只有不到 1% 的纺织品被回收，只有 25% 的纺织废料被再利用或回收，75% 的纺织垃圾被丢弃在垃圾场填埋。因此，寻找新的原材料或创造更具有环保性、循环性的生产方式已迫在眉睫。

最后，消费者需求的变化也带来了全新挑战。多项世界范围的消费者研究都显示消费者越来越注重在产品的环保和可持续性，全球超过 1/3 的消费者愿意为可持续发展支付更多费用，这对纺织业产品的可持续生产链提出了更高的要求。

面对多方挑战，我国纺织业必须加快改善生产工艺、减少污染物排放、提高能效，以及改进工人的工作环境和福利，不断提升自身在环境保护和社会责任方面的表现，才能在有效提升企业竞争力、满足消费者需求的同时，实现整个行业的长期可持续发展。

行动方案

溢达集团成立以来，就一直关注可持续议题。基于几十年的经验积累，决定在桂林打造一个完全基于可持续发展理念建立的园林——十如。十如既是展示溢达集团践行可持续发展理念的窗口，意味着不懈追求，力臻完美，还蕴含着中华文明历来崇尚天人合一的宇宙观，反映了溢达集团对可持续发展的承诺。

十如围绕"保护环境、赋能员工、完善产品、共促社区"四大战略支柱，打造可持续发展标杆，推动行业高质量发展。

保护环境

无论是在十如建设过程中还是建成后的运营阶段，各项措施均以降低能源排放为目标之一。建设中开挖出来的石块被顺势保留，就势造景，减少现场土方运输，用施工期间产生的竹子、青砖、瓦片等建材边角余料建成围墙，最大限度地降低施工过程中的碳排放。纺织工艺展示中心外立面采用的高 SRI 竹饰面板，能有效降低太阳辐射所导致的升温幅度及空气流通，为建筑带来冬暖夏凉的恒温效果。园区内主要建筑采用的 LOW-E 玻璃、水晶砖块，导光采光系统等绿色建筑设计，能大幅提高自然采光率，以减少照明设备的使用，从而降低能源排放。此外，屋顶大面积铺设光伏板，年均发电量可达 300 万千瓦·时，进一步减少了对化石能源的消耗。

有关数据显示，全球 20% 的工业水污染是由纺织服装制造业造成的。十如通过完善基础设施和创新生产流程，通过引入绿色洗水工艺，大幅减少水资源和洗涤剂的使用，并显著缩短洗水时间及实现工业废水零排放；同时，打造雨水收集循环利用系统，用于园区景观维护等，为行业提供参考样本。

此外，十如还积极提升员工的可持续发展意识，成立了绿色发展委员会，推行低碳工作和生活方式，通过进行各类宣传和活动，提升员工环境素养。运用智慧能源管理系统的同时，也提倡大家根据实际情况减少照明及空调使用。为员工提供共享物料、开发预定餐系统，以实现资源共享和循环利用，减少浪费。采用新能源大巴、接驳车、工程车替代传统燃油车辆，以降低对化石能源的依赖。安装电动汽车充电设备，鼓励员工使用清洁能源汽车通勤。自主研发拼车系统，方便和鼓励员工拼车出行，以减少私家车的使用量。

赋能员工

作为 Work 2.0 的示范区，十如始终积极赋能员工，致力于为员工创造良好的福祉，进而赋予员工更多发展潜力。创新餐饮理念，通过供应营养餐食、改善就餐体验及改良饮食习惯，从而帮助员工保持健康体魄。尊重当地文化，优先使用本地食材进行烹饪，还提供营养套餐、素食、面食、轻食等多个选择，多种优质蛋白、膳食纤维，在保证营养搭配的同时，给员工人性化的选择。同时，为员工精心设计并建成了大量宽敞舒适、开放共享的办公场所，以营造更能激发员工工作活力的氛围，旨在提高员工归属感与幸福感，同时促进人际之间的互动和交流，增强员工之间的团结和凝聚力。

致力于让每一员工都能尽展所长，制订多样化发展计划，提供多元化发展机会。为满足员工对数字技能的强烈需求和丰富其跨学科专业知识，打造"溢达学堂""现场管理工程师""溢起编程"等在职培训项目和发展课程，进一步提升员工技能。

十如还创造性地提出了"现场管理工程师"这一未来制造业人才模式，打破传统技术操作工和办公室管理人员的角色边界，使员工快速成长为高度智能化生产线的技术专家，还能发掘其团队管理才能。

十如秉承集团理念，一如既往地支持并推动工作场所的机会平等，进而为全球各行业的性别包容带来积极影响，并于 2020 年签署了《赋权予妇女原则》（Women's Empowerment Principles，WEPs）。

完善产品

全球有限的资源及迅猛增长的需求导致了一大未解难题，对于制造业而言，这一难题主要体现在如何实现可持续发展和绿色发展，而确保原材料来源可持续性是解决这一难题的关键。为打造优质产品，溢达集团通过始终如一地创新技术，在确保产品质量的同时致力于减少对环境的影响。

自 2018 年起，溢达集团与中国科学院昆明植物所合作，开展传统染料植物产业化的研究，并保育天然植物带来的纺织品染色工艺，正在十如打造中国第一个天然染料植物专类园和天然染色研发中心——香山园。同时，天然染料植物研发中心将研发关键技术，推动科研成果产业化。此外，溢达集团还在不断探索其工程技术舒适区之外的领域，致力开发棉回收技术、打造高品质再生棉产品，并通过增加产品可持续性和便利性，找到最大化其价值的方法。

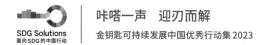
而生产流程的创新体现在溢达集团的生产团队运用精益思维进行探索和实践上。团队开创了一套无缝高效的工作流程，这一改变优化了生产工艺，减少了材料浪费以及对于能源的使用，从而实现负责任地生产。

此外，运营所需能源均经过能源系统，从源头进行实时监控和统筹管理。纺织工艺展示中心更拥有自主研发的集成中央管控系统，使车间内的所有设备及系统信息得以整合集成，便于实时监测的同时，更有助于产品品质提升，真正实现了从原料到成品筒子纱的全流程自动化生产，大幅提高了生产效率、降低了能耗。

近年来，随着再生棉生产技术的发展和突破，十如将员工旧工服进行回收，用于重制新工服，不仅节约了水资源和能源，还能降低垃圾填埋场的负担。同时，由于回收工服已经染色处理，重制新工服时还可进一步减少化学染料的使用。

共促社区

自 2014 年起，十如（可持续发展）对话已连续举办了 10 年，讨论主题涵盖经济、环境、艺术文化、教育、健康、创新、数字转型等。旨在为不同领域的意见领袖和专家提供一个集思广益的交流平台，探索可持续发展的模式，促进更可持续的未来的达成。

同时，广西溢达杨元龙教育基金会也于 2014 年正式成立，开始在广西地区开展教育公益活动，旨在帮助和鼓励当地的贫困儿童认识环保及接受教育，为推动企业所在地区普及教育和环境保护的发展，聚集更广泛的社会力量，一起支持公益事业。

多重价值

环境效益

在十如运营期间，通过多项措施，有效降低碳排放，助力可持续发展目标达成。其运营维护期单位建筑面积能耗值仅为 131.8kW·h/（m²·a），低于国内平均水平超过三成。单位产品取水量指标为 6.35m³/t，远低于广西《工业行业主要产品用水定额》（DB45/T678—2017）规定中针织棉及棉混纺产品用水定额 150 m³/t，达到了国内同行业领先水平。

2023 年 5 月，十如光伏系统成功并网发电，年预计发电量为 300 万千瓦·时，约占园区总用电量的 12%。相当于每年可节约标准煤 1080 吨，减少二氧化碳、二氧化硫、氮氧化合物、总悬浮微粒物等排放共计 3942 吨。

通过自动喷淋、雨水回收系统，园内水的重复利用率为 56.05%，补充地下水资源，改善生态环境。自然导光管和 Low-E 玻璃的使用，可充分利用自然光照明，有效降低建筑物内部白天照明能耗。此外，十如通过执行绿色采购和废弃物管理计划，采购绿色环保认证材料，实行员工制服回收再制行动，最大限度地回收利用原料与废弃物，废弃物回收效率达到 82% 以上。

低碳减排 焕新自然和谐共生

此外，十如倡导低碳的生活与工作方式，目前十如拥有高达 97% 的员工低碳通勤率，环保理念深入人心。为进一步解决餐饮损耗问题，十如开发了订餐 App 平台，让员工能够预订自己的餐食。这样一来，就能更好地预测和规划所需的食物和材料，提高预订率，目前预订率已达到 95%。这也使年度月平均未售餐总量减少了 64%。

经济效益

得益于"现场管理工程师"的全新人才模式与自主研发的 IMS 系统的完美融合，在相同的工作时间，十如特纺人均产量是传统生产线的 3 倍。对于成衣制造而言，十如则大量采用精益进行管理。相较之前，在制衣半成品减少了 64% 的同时，还大大缩短了生产需时，动态生产周期由之前的平均15天锐减至5天，员工收入却提高了19%。

溢达集团在十如还不断寻求创新的工作流程和供应链管理方式，以改善社会和环境绩效。截至2022年，已获授权专利517件。在质量增长战略指导下，十如携手客户进行资产利用率的优化及长期产能规划，以确保按时交货和更好的成本管理。

社会效益

作为可持续发展的重要一环，促进个人发展、实现人类共同繁荣，可加速可持续发展目标实现。十如一贯鼓励员工与公司共同成长，从2013年开始，十如持续投入资源，与桂林电子科技大学、桂林理工大学以及国开大学合作，为员工提供大专教育。2018年开始，增办了本科教育，至今已有247名员工参与到继续教育项目当中，其中162名员工已取得了毕业证书。

2014—2017年，广西溢达杨元龙教育基金会在广西壮族自治区帮助贫困地区孩子进行视力筛查，帮助1774名孩子参与视力筛查，免费配发眼镜452副，发动志愿者148名；暑期夏令营主要通过大学生志愿者开展创新英语课堂、活动拓展、健康安全和

革新蜕变 赋能人文创新共融

手工制作等活动，帮助贫困学生看世界。从 2015 年至今，暑期夏令营丰富了近 3000
名桂林小学生暑期生活，受到了学生及家长的一致好评；宏志生项目是广西溢达杨元龙
教育基金会发起的专门资助贫困的高中学子继续高中学习的公益项目，自 2014 年发起，
已执行 9 年，共资助了 91 名高中学生，资助金额超 36 万元。

未来展望

破解全球可持续发展挑战，需要更多创新力量。展望未来，十如仍将秉持溢达集团
可持续发展理念，以开拓变革的精神，聚焦非水介质染色、绿色洗水等行业亟待解决的
痛点，以开放包容的姿态，携手行业伙伴共同进步，助力行业转型升级，进而推动 SDG
目标早日实现。

三、专家点评

纺织行业是我国国民经济的传统支柱产业。据国际能源署（IEA）发布的数据，纺
织服装行业碳排放量占全球总排放量的 10%，是仅次于石油的第二大污染源。因此，
在当前国家碳达峰、碳中和目标之下，纺织行业的绿色转型发展至关重要。

作为一家拥有 40 多年历史的纺织企业，溢达集团通过向知识型创新企业转型的各
种实践，在探索一条传统纺织业企业的绿色转型路径：不但是纺织与制衣业务的工艺创
新与产品完善，还通过十如这样一个可持续发展园林的建设，集中实现了企业在环境管
理、能源利用、资源回收、人才管理、精益供应链等方面的持续创新。

十如的可持续发展模式，不但展示了传统纺织工业园区可以如何规划转型、如何与
环境共益，从而迈向可持续的未来，更让我们看到了未来制造业的可能性与前景，开辟
了一条从传统制造向智能制造、从资源消耗向资源再利用转型的可持续发展之路。溢达
集团的实践，不但是纺织行业绿色发展的先行者，更是值得各行业企业（尤其是制造企
业）参照和借鉴的优秀案例。

**——清华大学苏世民书院副院长、清华大学经管学院教授、清华大学绿色经济与可持续
发展研究中心主任 钱小军**

（撰写人：张炜）

驱动变革

中国移动通信集团有限公司
创新风险线索发现与预警技术
助力网信安全防线前移

一、基本情况

公司简介

中国移动通信集团有限公司于 2000 年成立，经过 20 多年的发展，已成为全球网络规模最大、客户数量最多、品牌价值领先、市值排名前列的通信和信息服务提供商，在国内 31 个省（自治区、直辖市）和香港等地区设有全资子公司、28 家专业机构，同时面向全球超过 200 个国家和地区提供国际漫游及信息服务。中国移动始终秉持"至诚尽性，成己达人"的履责理念，通过"数智创新""包容成长""绿色发展""卓越治理"四条主线把握数字经济时代价值，推动数字经济和实体经济融合发展走深走实，着力赋能经济、社会、环境数智化转型，实现高质量、可持续发展。

行动概要

生产率与收入的增长、人类健康与教育水平的提升都离不开基础设施投资。面对全球日趋严峻的网络安全态势，中国移动通信集团有限公司信息安全管理与运行中心积极践行企业责任担当，基于网络信息（以下简称网信）安全专业情报监测需求和痛点，通过创新网信安全风险线索自动化嗅探技术，开展工具自研及模型搭建，针对非热点情报早期发现、诈骗情报特征识别和情报一体化处置等关键技术进行了突破，搭建网信安全情报专业管理平台，构建"关口前移，防患于未然"的网络安全风险管理体系，实现"快、全、准、深"的风险治理目标，旨在加强国家关键信息基础设施的安全保障建设，筑守国家网安防线，填补了央企专业情报监测空白领域，助力经济社会高质量发展。

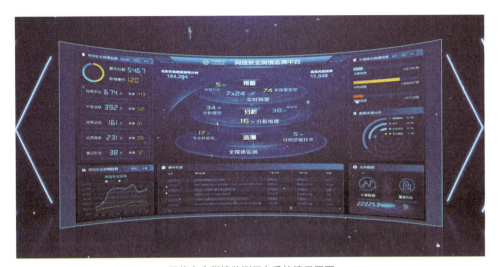

网信安全舆情监测平台系统演示画面

二、案例主体内容

背景 / 问题

随着我国互联网和信息化工作的显著发展，网络走入千家万户，我国已成为网络大国。第 52 次《中国互联网络发展状况统计报告》显示，截至 2023 年 6 月，我国网民规模达 10.79 亿人，互联网普及率达 76.4%。

安全是发展的前提。当前，国际形势日趋复杂，网络安全风险日益严峻，保障网络和信息安全对于社会稳定、可持续发展具有重要意义。《2023 年网络犯罪报告》指出，预计 2024 年网络犯罪将给全世界造成 9.5 万亿美元的损失，且未来三年全球网络犯罪损失将以每年 15% 的速度增长。据不完全统计，在我国，因网信安全问题造成的年均经济损失也已超过 500 亿元。因此，2018 年，在《全国网络安全和信息化工作会议》中，国家就已明确提出要积极发展网络安全产业，做到关口前移，防患于未然。

对标新形势下的网信安全现状，当前行业主要存在以下痛点问题：

网络安全形势日趋严峻，中央企业专业情报监测存在空白

党的十八大以来，党中央高度重视网络安全工作。中央企业作为网安防护的国家队和"排头兵"，有责任和义务构建网络安全风险保护屏障。国务院国有资产监督管理委员会在《关于进一步加强中央企业网络安全工作的通知》中指出，各中央企业要进一步增强责任感和使命感，抓好网络安全工作，全面排查风险、增强重点防护、实时发现预警、强力有效处置。然而，目前中央企业专业情报监测工作在能力和管理上存在较多的空白领域，面临监测预警能力不足、协作共享不充分等诸多问题，无法适应新形势下的网络安全治理需求。

现有情报监测手段不足，时效性、全面性、专业性欠缺

网信安全情报具有热度低、传播量小、信息变异快等特点，传统监测技术主要基于热度和传播量进行采集筛选，难以实现原始信息源、深层次链接的挖掘，存在风险信息滞后、遗漏、信息异变等问题。以往通用分析模型大多将网络安全事件统一分为一类，无法准确识别网络安全领域下近百种细分类型，且情报分析自动识别技术难度高、发展缓慢，目前主要依赖于人员经验，效率较低。

跨部门工作联动机制不完善，事件协同处置能力不足

随着企业数字化转型不断深化，网络安全防护覆盖面越来越广，往往需要不同部门、不同业务、不同系统间通力合作，但由于跨部门情报共享预警机制不健全，导致资源共享和协同合作能力不足，安全预警较多局限于部门内部，而各部门信息同步效率较低，易导致风险处置的疏漏，使得预警防护效果大打折扣，甚至引发更大的安全风险。

行动方案

本行动综合运用大数据、人工智能和态势感知等新型技术手段，搭建了网信安全情报专业管理平台，解决了情报获取不及时、不全面、不准确，报告分析不深入、执行不到位，以及部门间联动不畅通等难题，建立"快、全、准、深"的网信安全情报运营体系，提升了网信安全预警监测能力，为企业的风险管理、业务发展和战略决策提供了有力支持。

建立一体化情报管理平台，保障情报工作服务

平台针对网信安全情报获取的特殊要求，在现有信息监测采集系统的基础上进行创新，开发了非热点信息关联发现、热点信息自动跟踪预警、深度渠道定制化采集、小规模数据多维度分析模型等特色技术，实现了全网信息的动态监测、定向采集、自动追踪、

情报分类、实时共享和高效管理，建立了一体化网信安全情报管理平台，覆盖 16 万余个专业信息源，实现对 5 大类、72 小类业务场景的精细化适配，达到了分钟级的全网协同应急响应，保障安全管理工作平稳有序高效的开展，推动网络安全防护关口前移。

构建高效网信安全生产体系，提升情报运营效果

通过建立情报"识别→采集→分析→输出"四大环节运营流程，配备专职运营人员，实现 7×24 小时全天候互联网信息监测。运营工作涵盖了需求分析、规则制定、数据监测、数据分析、事件审核、报告撰写、运营管理、技术支撑等全流程环节，基于安全情景和行为风险的综合分析，识别网络安全情报线索。同时，成立跨地域、跨部门的虚拟"云专家"团队，汇集多方业务专家及专职网信安全运营人员，分工协作，统一指挥，上下配合，实现全天候、全覆盖的专业网信安全监测、预警、响应服务。

强化内外部门联动协作机制，形成情报共享新局面

建立覆盖集团管理决策层、总部部门、省公司、专业公司等多层级的情报共享体系，实现跨部门、跨业务、跨省市的高效联动协作，并组建百余人的共享预警接口人团队，支持以短信、邮件、微信等多种方式发送预警信息，形成了集、省、专于一体化快速联动共享模式和情报闭环反馈机制。同时，与工业和信息化部和公安部等机构建立了紧密的信息联动，实现了情报共享和快速处置响应。

多重价值

本案例已融入中国移动网信安全保障多个层面，在经济、社会、环境等多方面取得了显著效益。

经济效益

提供全集团网络安全支撑，节约企业安全管理成本。平台通过开放数据接口联动垃圾短信、垃圾彩信、不良网站治理等业务系统，为集团其他部门提供风险预警等能力支撑，形成部门间信息互通的良性循环。同时，充分发挥全网网络安全漏洞信息跟踪监测能力，向相关业务部门提供预警通报，为集团提供网络安全防护能力支撑，规避漏洞风险。截至 2022 年底，本案例累计为集团避免 8400 个高危漏洞，挽回潜在经济损失约 16 亿元。

助力集团完善监督体系，维护企业声誉。平台自部署以来，全网跟踪客户投诉情况，多级联动实时通报，提升客诉处置效率，累计减少因投诉产生的业务损失约 8735.21 万元。同时，累计监测并反馈中国移动集团下属公司员工及代理商的违法犯罪事件 211 起，

避免了负面信息传播，维护了公司声誉。

社会效益

打击电信网络诈骗活动，防止人民群众经济损失。平台持续开展网信安全领域风险情报管理，通过发现安全治理线索事件、感知网信安全发展态势，提前部署拦截策略。2022年，共计拦截涉诈信息1.7亿余条，短彩信诈骗投诉量同比下降44.37%，累计发放4.5亿份反诈宣传海报和手册，共挽救可能因诈骗导致的潜在经济损失102亿元，为营造清朗的网络环境、促进社会和谐贡献了力量。

为执法部门提供情报支撑，规范社会不良行为。平台依靠安全专用算法与识别模型，已形成近2亿规模的情报样本库，实现业务场景的精细化治理，达到了分钟级全网一体化应急响应，实现月均封堵涉黄网站近4.44万个，拦截垃圾短彩信5.9亿条，拦截骚扰电话7.6亿个。同时辅助打击社会不良行为，为公安部门"扫黄打黑"等执法工作提供情报支撑。

保护网络信息数据安全，减少社会资源损耗。平台持续跟踪网络犯罪团体数据窃取和资源盗取行为，整理汇总最新漏洞、网络攻击和网络勒索等事件，及时发布网络设备和软件自查更新提示。2022年冬奥会、党的二十大、足球世界杯期间，总计监测网信安全舆情数据20.75万余条，及时通报网络安全和不良信息等各类风险，支撑威胁拦截和风险快速处置，有效打击网络犯罪行为，降低数据安全事件威胁，避免社会电力、算力等资源的不良损耗，促进社会可持续发展。

创新网信安全风险管理方式，获得社会多方认可。平台切实强化了风险预警能力，助力网络清朗空间铸造，得到了社会各界的认可。中国移动信安中心策略运营处多次收到公安反诈部门的表扬信，并荣获2022年全国"扫黄打非"先进集体荣誉称号。此外，本案例还荣获由中央企业ESG联盟颁发的"2023中国企业ESG优秀案例"奖。

未来展望

未来，中国移动将继续提升网信安全风险防范能力，提高关键信息基础设施安全可控程度，为应对数字文明时代的新挑战，塑造安全、互信、可持续的网络空间持续努力。

保护数据与财产安全，推进构建和谐社会。在公众层面，为持续有效地打击隐私泄露、电信网络诈骗等全球高发性网络犯罪问题，保护公民数据与财产安全，中国移动通信集团有限公司信息安全管理与运行中心将继续拓展"网信情报＋职能机构"的模式，探索社会各界"联防机制"，加强与公安等部门深度合作，协同构建社会安全治理体系，做到"情报先于犯罪，处置先于损失"；在企业层面，针对传统行业国资企业网络安全应对能力与经验不足等问题，持续增强对外网络犯罪防护支撑服务，提供高灵活度、定制化的风险跟踪预警能力，为企业减少经济损失，促进社会和谐、健康、可持续发展。

筑牢网信安全防护网，护航国家数字化转型。保障网信安全是护航经济社会高质量发展和推动数字化转型的重要基础，而网信安全情报系统则是维护网信安全的重要工具与平台。目前国际主流的网信安全情报系统市场由外国厂商主导，我国仍出于行业发展初级阶段。未来，中国移动通信集团有限公司信息安全管理与运行中心将努力打破国外主流情报系统的技术优势，以国家数字化转型需求为基本要求，结合各行业自身的特点，打造中国最具竞争力的网信安全情报管理标杆品牌，通过持续深耕网信安全垂直领域，将自身网信安全防护能力循序渐进地辐射到国家数字化转型的各个方面，打造国家级的网信安全防护网，为国家数字化转型保驾护航。

三、专家点评

当前，网络空间、数字经济的快速发展极大地推动着人类社会文明的进程，日益深刻地改变着全球的经济、利益和安全格局。中国移动通过创新风险线索发现与预警技术，开创网信安全情报管理新技术新模式，是践行国家"关口前移"的网络安全管控要求的关键举措，是积极应对全球网络安全威胁，促进经济社会高质量、可持续发展的重要突破，对于提升网络安全保障体系和能力，促进数字经济繁荣，推动构建全球网络空间命运共同体都具有重要价值和意义。网络安全是全球性挑战，要倡导开放合作的网络安全理念，增强网络安全战略互信，共享网络威胁信息，共同肩负起打击网络恐怖主义和网络犯罪的责任，才是维护网络空间安全稳定繁荣可持续发展的"金钥匙"。

——原中国科学技术大学舆情管理研究中心执行主任、安徽博约信息科技股份有限公司

总裁　郑中华

（撰写人：乔喆、戴晶、周宇飞、张皎、潘淼）

微众银行

以科技为擎
打造可持续的数字普惠金融新样本

一、基本情况

公司简介

作为国内首家数字银行，微众银行以"让金融普惠大众"为使命，以科技为核心发展引擎，秉持成为"融入生活、持续创新、领先全球的数字银行"的战略愿景，坚守依法合规经营、严控风险底线，专注为普罗大众和小微企业提供更为优质、便捷的金融服务。

自成立至今，微众银行积极探索践行普惠金融、服务实体经济的新模式和新方法，取得了良好的成效。目前，微众银行的个人客户已近 4 亿人，小微市场主体超过 450 万家，涵盖中小微企业、个体工商户、新蓝领及年轻白领等多层次群体，覆盖农民、城镇低收入人群、贫困人群等广泛的普惠金融客群。微众银行已跻身中国银行业百强、全球银行 1000 强，在民营银行中首屈一指，并被国际知名独立研究公司 Forrester 定义为"世界领先的数字银行"。

微众银行诞生于金融供给侧结构性改革背景下，是中国金融业的"补充者"，专注普惠金融的定位，发挥数字科技的特色优势，初步探索出独具特色、商业可持续的数字普惠金融发展之路，为我国银行业服务实体经济和促进高质量发展提供了崭新的思路和范例。

行动概要

普惠金融关系民生福祉，其重要内涵之一在于让普罗大众得以充分、平等地享受金融服务。秉持"让金融普惠大众"的初心，微众银行依托"微粒贷""微业贷""微众银行财富 +"等产品，在助力提升金融服务覆盖面、可得性和满意度方面持续探索。

作为一家数字原生银行，微众银行一直积极布局数字化范式下的科技发展模式，不断夯实金融安全基础，并逐步构建面向数字化时代的科技能力矩阵，推动实现普惠金融高质量发展。微众银行构建了全分布式银行系统架构，使银行能够支持海量的客户规模及高并发的交易量，打破了金融科技的大容量、低成本、高可用性的"不可能三角"，持续深入拓展普惠金融服务的广度和深度。

在服务实体、精准滴灌中小微方面，微众银行推出的"微业贷"，创造了独特的数字化小微企业信贷模式，化解了银行为中小微企业提供服务时面临着服务成本高、风险成本高、运营成本高的"三高"难题。截至 2023 年末，"微业贷"累计授信客户 140 万家；在获得微众银行授信的企业中，企业征信白户比例超 50%，制造业占比 24%，批发零售业占比约 40%；约 50% 已结清贷款的单笔利息支出在 1000 元以内，有效满足了中小微企业小额、灵活的融资需求。

微众银行企业总控中心

二、案例主体内容

背景／问题

　　自 2013 年普惠金融上升为国家战略，国家层面始终高度重视普惠金融的发展，十年来金融服务覆盖率、可得性、满意度明显提高。2023 年，中央金融工作会议提出"丰富金融产品和服务，改善金融供给，尤其要注重加强对重点领域和薄弱环节的支持，做好科技金融、绿色金融、普惠金融、养老金融、数字金融五篇大文章，不断适应经济高质量发展新要求"。这为金融行业牢牢把握推进金融高质量发展主题，做好相关金融工作指明了方向。对于金融业而言，做好五篇大文章是必须答好的时代命题，是新的历史使命，更是重大的战略机遇。

　　然而，受制于成本、风险和收益的结构性不对称，传统金融机构服务通常难以惠及偏远地区、乡村区域和经济不发达地区。同时，大量依然属于银行白户的人群，以及不少有金融需求的小微企业、个体工商户等，很难得到有效的金融服务。此外，数字经济时代背景下，金融机构亟须发挥前沿科技优势，进一步提升服务质效，兼顾传统银行金融能力与科技创新文化基因，以高效、便捷的服务体验，服务好普罗大众及小微企业。

行动方案

坚守普惠金融初心，拓展金融服务广度深度

　　中央金融工作会议将"普惠金融"纳入五篇大文章，再次强调了普惠金融对提升金融服务的覆盖面、可得性和满意度的重要性。目前，微众银行已推出"微粒贷""微业贷""微众银行财富＋"等一系列普惠金融产品，并取得了积极成效。

　　例如，在服务实体、精准滴灌中小微方面，微众银行推出的"微业贷"，创造了独特的数字化小微企业信贷模式，化解了银行为中小微企业提供服务时面临着服务成本高、风险成本高、运营成本高的"三高"难题。微众银行还通过"微众银行财富＋"大力发展数字财富管理业务，探索数字普惠金融的新路径。截至 2023 年末，"微众银行财富＋"已与 112 家机构开展代销业务合作，代销产品超 4900 只。

　　践行普惠金融还体现在积极助力乡村振兴。近年来，微众银行联合合作银行开展金融扶贫项目，加大对国家乡村振兴重点帮扶县的支持力度，在助力稳固脱贫成果的同时推动乡村振兴。截至 2023 年末，微众银行携手合作银行累计为原"国家级／省级贫困县"

贡献增值税超 26 亿元，为 6 个国家乡村振兴重点帮扶县贡献增值税超 3 亿元。

发挥科技优势，推动数字金融业务发展

作为一家数字原生银行，微众银行始终重视科技能力建设，将科技作为驱动业务发展的核心引擎和坚实底座，并自成立以来始终保持高水平的科技投入，科技人员数量占全行员工总数的 50% 以上，历年 IT 投入占营业收入的比重超过 9%。

基于"开放蜂巢 Openhive"技术，微众银行构建了全分布式银行系统架构，使银行能够支持海量的客户规模及高并发的交易量，打破了金融科技的大容量、低成本、高可用性的"不可能三角"。目前，该系统单日金融交易峰值突破 11 亿笔，关键产品综合可用率维持超越 99.999% 的电信级高可用水平，单账户年 IT 运维成本保持在 2 元的低位，远低于国内外同业平均水平，从而为服务普罗大众和小微企业奠定了扎实的基础。

在此基础上，微众银行在人工智能、区块链、云计算及大数据领域，建立起完善的数字金融能力体系，并大力推动开源技术发展。截至 2023 年末，微众银行在 AI、区块链、云计算、大数据等技术领域共开源 36 个项目，在为各行各业提供有效技术解决方案的同时，也为金融机构开源提供了有价值的经验借鉴。例如，微众银行自主研发的区块链底层平台 FISCO BCOS，支撑了珠三角征信链，以及粤澳、深港跨境数据验证平台等国家基础设施建设。其中，深港跨境数据验证平台是推进大湾区跨境数据安全、便捷验证，探索建立开放型、合作型、示范型跨境数字基础设施及服务融合的进一步创新实践。

此外，由微众银行主导并捐献到 Apache 软件基金会（ASF）的大数据开源产品 Apache Linkis 与新一代事件中间件 Apache EventMesh 在 2023 年初顺利毕业成为 Apache 顶级项目（TLP）。其中，EventMesh 是全球金融行业首个进入 ASF 的孵化项目，Linkis 是全球首个由银行机构主导、捐赠并毕业的 Apache 顶级项目。

夯实科技金融服务体系，助力科技型企业全生命周期

中央金融工作会议提出"科技金融"，充分体现了党中央对加快建设科技强国、实现高水平科技自立自强的高度重视。近年来，金融监管部门积极引导和支持金融机构持续创新，金融支持科技创新长效机制逐步建立。

基于与生俱来的数字化优势，微众银行打造了数字化科技金融服务体系，运用数字化营销、数字化风控和数字化经营三大数字化手段，围绕国家科技创新的路线图和产业链布局，专注于服务国家高新技术企业、科技型中小微企业。

截至 2023 年末，微众银行科技金融服务已覆盖全国 20 个省份的 200 多个地级市，其科创贷款已吸引近 43 万家科技型企业申请，已申请企业占全国科技型企业总数近 20%；吸引 11.9 万家国家级高新技术企业申请，占全国高新技术企业总数的比例达 27%。

同时，微众银行创新性地构建了垂直领域的 AI 大模型，通过聚合海量的科技型中小微企业数据，并依托大语言模型的文本处理能力，实现了对科技型中小微企业认知颗粒度的大幅提升，并以此提高科技金融服务的精准度和满意度，带给了科技型中小微企业更真实的获得感和更优的体验感，从而成为更"懂"小微企业的数字银行。

微众银行利用 AI 提高科技金融服务水平

值得一提的是，为满足科技型中小微企业"股权 + 债权"的投融资需求，微众银行依托丰富经验和服务数据积累，推出了以"数据 +AI 大模型"为驱动的"数字创投"服务，并率先打造了专注为科技型中小微企业服务的投融资综合平台——微创投平台，实现股权融资信息查看与股权融资对接双线上服务。该平台为科技型中小微企业提供了便捷且透明的信息查询及展示工具，并基于大语言模型的底层算法应用，让企业得以更加精准地匹配投资机构，也让投资机构得以运用大数据完成投融资分析，进一步提高创投市场效率。

支持绿色金融发展，践行企业社会责任

在绿色金融、适老化服务以及无障碍服务等方面，微众银行也在持续探索和创新，

充分发挥自身优势禀赋，履行社会责任。

微众银行深入贯彻绿色发展理念，持续加大对绿色金融的支持力度，优化绿色金融服务，同时加强信贷业务中的环境风险管控，为绿色产业发展及社会低碳转型提供金融"活水"。以绿色消费为例，微众银行大力支持新能源汽车品牌信贷需求，联合十余家新能源车企，推动绿色出行、绿色消费，以助力扩大绿色消费的方式服务绿色发展。

在加强无障碍服务方面，微众银行一直积极了解特殊客户群体的金融服务需求，力争做好金融服务无障碍改造，帮助特殊群体平等、充分、便捷地享受金融产品与服务，努力弥合"数字鸿沟"。

面向老年客群，微众银行着力构建满足多样化需求的特色养老金融体系，按照"专属产品、重心下沉、安全保障、贴心服务"的发展路径积极探索，推进科技创新助力养老金融服务；面向听障客户，"微粒贷"组建了专职手语专家服务团队，为听障客户开设了专属的远程视频身份核验流程，保障听障客户可平等地享受到快速、便捷、安全的普惠金融服务；面向视障客户，微众银行持续优化"微粒贷""微众银行财富+"的无障碍服务，力求助力视障人群平等地享受线上化金融服务。

多重价值

个人普惠及小微企业金融服务广泛覆盖

微众银行依托数字普惠金融业务模式，推出"微粒贷""微业贷""微众银行财富+"等广覆盖、易操作、低成本的普惠金融产品，有力支持了小微企业、个体工商户以及普罗大众的金融服务需求。同时，微众银行倾力服务听障、视障以及老年人等特殊客群需求，持续帮助特殊群体跨越"数字鸿沟"。

推动行业数字转型

依托金融科技优势，微众银行以"非接触式"金融服务为特色，实现了主要业务全流程无纸化。在此基础上，微众银行坚持自主创新，不断夯实基础科技实力，加速软硬件国产化替代，实现了科技自立自强。微众银行也积极参与行业标准建设、构建开放开源生态圈，推动产业数字化发展。

培育金融科技人才

微众银行重视人才培养，通过实施"微众学者计划"、举办金融科技高校技术大赛等一系列高校企业相协作的方式，为金融科技行业培养了大量优质人才。

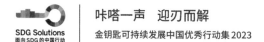
 外部评价

(1) 跻身中国企业 500 强，并连续四年入选中国银行业百强，排名持续提升。

(2) 2023《亚洲银行家》全球数字银行排行榜高居首位。

(3) 国际知名独立研究公司 Forrester 将微众银行定义为"世界领先的数字银行"。

未来展望

2024 年是微众银行成立第十个年头，该行将继续秉持"让金融普惠大众"的使命，牢牢把握高质量发展这个首要任务，以科技为引擎，做好五篇大文章，以金融力量增强经济高质量发展新动能，以高质量普惠金融助力金融强国建设，更好地支持新质生产力发展和现代化产业体系建设。

三、专家点评

拾光如初，踏拾前行。作为以科技为核心发展引擎的数字银行，微众银行始终围绕"让金融普惠大众"的使命，专注于为小微企业和普罗大众提供差异化、有特色、优质便捷的金融服务，其商业逻辑本身就很好地诠释了企业可以在社会和商业的双元价值创造方面实现创新发展，而这些价值创造的根基在于其对"普惠金融"清晰而坚定的理解和一以贯之。普惠金融的实质是让金融普惠大众，真正为农民、小微企业、城镇低收入人群、贫困人群、老年人、残障人士等提供能满足他们需求的便捷安全、可负担得起的金融服务。在实现中国式现代化的道路上，商业机构能否清晰地将组织发展的目标与时代精神相融合，将组织创造物质财富的创新活力与实现共同富裕的时代精神相融合，这不仅是微众银行通过普惠金融促进社会经济可持续发展的要求，更是实现其自身可持续发展的意义。

——西交利物浦大学国际商学院副教授 曹瑄玮

（撰写人：郑茜鸣）

联想集团

开启笔记本电脑
"零塑料"应用新时代

一、基本情况

公司简介

联想集团有限公司（简称"联想集团"或"联想"）是一家成立于中国，业务遍及 180 个市场，服务客户超 10 亿的全球领先 ICT（信息和通信技术）科技公司。联想始终秉持产业报国初心，推动科技创新引领，不断砥砺奋进，为把握智能化变革带来的机遇，联想提出智能化变革 3S 战略，围绕智能物联网、智能基础设施、行业智能及服务三个方向成为智能化变革的引领者和赋能者。

联想集团将 ESG 作为公司发展战略的三大支柱之一，与公司战略和自身业务高度融合，实现公司的可持续与高质量发展，经历了十八年的实践，获得了国际与国内多个 ESG 权威荣誉，并于 2022、2023 年，连续两年取得了明晟指数 MSCI ESG 评级 AAA 级，为全球最高等级。联想承诺将于 2049/50 财年达成整体价值链温室气体净零排放，并成为中国首家通过科学碳目标倡议组织（SBTi）净零目标验证的高科技制造企业。

行动概要

联想集团作为一家具有社会责任感和可持续发展意识的企业，长期坚持践行 ESG 理念，深知塑料污染问题的严峻性，在产品中广泛使用消费后再生成分（PCC）塑料、工业再生成分（PIC）塑料，闭环消费后再生成分（CLPCC）塑料、驱海塑料（OBP）等多种回收塑料。2019 年开始开发"零塑"产品，历经两年研发，于 2021 年初首家量产"零塑"适配器，并进一步扩展到了笔记本电池、扬声器以及内部机构件。截至 2024 年 2 月，联想累计使用约 2165 吨的"零塑"产品，减少约 6055 吨的二氧化碳排放，相当于 10 万棵树生长十年所吸收的二氧化碳量。未来将进一步扩展"零塑"的应用，包括外壳、键盘和其他部件并探索"零塑"电脑的可能性，以打造一个"无废世界"。

二、案例主体内容

背景／问题

塑料便利人们生活的同时，又带来了极大的环境污染问题。据统计，因摄入塑料每年估计会造成 100 万只海鸟和 10 万只海洋动物死亡，超过 90% 的鸟类和鱼类被认为胃里已经存在微塑料颗粒。

因为塑料有很好的绝缘性、耐热性、强度高等特点，在笔记本电脑行业想要全面去除塑料几乎是不可能的。以 ThinkPad 为例，在 A/B/C/D 外壳、键盘、电池、充电器、内部结构件等大量地使用塑料，每年会消耗近万吨原生塑料。这些原生塑料由原油裂化加工提取而来，在这一过程中不仅会消耗原油，更会产生大量的碳排放，而更多地应用回收塑料，减少甚至去除原生塑料的使用，可以减少对原油的依赖，减少碳排放。

然而回收塑料经过回收、清洗、破碎、造粒等过程后物性进一步下降，因此材料当中回收塑料成分比例越高，物理特性差距越大，很难满足笔记本电脑部件的质量要求。且在 2019 年行业普遍使用 30% 比例的回收塑料，考虑到成本和技术的发展，想要大幅提高回收塑料使用，减少原生塑料使用比例，甚至达到零原生塑料，完全没有经验可循。这不仅需要强劲的研发、技术实力，志同道合的合作伙伴，更需要坚定的信念和精益求精的工匠精神。

行动方案

自 2019 年开始，联想研发团队首先在 45W 和 65W 适配器上研发试验，历经两年多，推出与实现了业界第一款零原生塑料（以下简称"零塑"）适配器。

创新技术和工艺改善

材料配方调整。由于适配器使用塑料多，对塑料强度和流动性要求高，且测试要求严格，联想研发团队便先从 45W/65W 适配器开始试料。正如通往成功的道路上总是布满荆棘，研发过程也并非一帆风顺。在 45W 适配器试模和成型过程中，出现了水波纹、应力纹、翘曲等外观不良以及落球测试砸裂等强度问题。联想研发团队和合作伙伴先从材料入手调整，增强材料的冲击强度和韧性。其中最大的难点在于，提高材料的流动性可能会导致强度的降低；而想要同时保证流动性和强度，其回收比例也会有所下降，因此需要不断优化，找到最佳平衡点。2019 年 9 月，在经历 250 余组配方实验，近 40 次配方验证后，45W 适配器完美通过了所有测试。

成型工艺改善。 在成型工艺上，联想和多位成型专家合作，将冷流道注塑工艺改为热流道工艺，减少了高温对塑料物性的破坏。同时也进行了非常多的模具设计优化，比如调整注浇口位置，调整注塑成型温度、压力，增加模具排气等。每一次调整优化后的近百个样品，都需要反复地进行测试、验证，保证产品的可靠性。

产品结构增强。 面对壳体边角开裂的情况，通过增加上盖和下盖加强筋的厚度、弧度以及结构形状整体进行改善。比如，增加壳体的厚度，增强下盖加强筋的"根部"强度，找到最优倒角设计。"根部"越厚，支撑强度就越大，然而过厚的加强筋，也会影响壳体的外观，导致缩水纹的出现，所以这是一个不断优化、找到最佳平衡点的过程。而在上盖的改善中，通过将"L"形结构改善为"T"形，从而加大了壳体的支撑强度。

"零塑"产品在 2022 年服贸会上参与展出

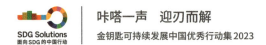

塑料回收比例由 30% 到 95% 的飞跃。经历了长达两年的"攻坚决战",联想和合作伙伴全力以赴,45/65W 适配器全部通过了 ThinkPad 严苛的落球、跌落、零度测试等可靠性测试要求,正式于 2021 年初实现量产,其回收塑料比例由 30% 大幅提升到 95%,剩余 5% 仅为添加助剂,实现了零原生塑料的突破。

"零塑"部件再扩展——从适配器到电池

为进一步带动行业向应用"零塑"加速转变,联想也继续探索在更多部件,比如 ThinkPad 电池上应用的可能性。

由于不同部件对于塑料的物性要求不同,如适配器要求材料强度更高,而电池要求材料流动性更好、更柔韧,这需要针对不同部件具体问题具体分析。

借鉴了适配器的开发经验,联想和合作伙伴继续从材料配方、注塑方式、结构设计三方面入手,比如在成型加工端改善注浇点位置,增大浇口直径,调整加工参数,修改锁耳结构设计等,在不到一年时间里就完成了材料的开发,达到了电池更薄、更有韧性且安全性保障的要求;同时也解决了成型过程中在电池上短射、困气、填充不饱满、锁耳断裂等问题。更令人惊喜的是,回收比例同时提升了 2%,最终达到了 97%。与适配器相同的是,回收塑料比例为 97% 的电池也完全不含有原生塑料,进一步扩大了"零塑"的应用范围。

在对"零塑"有了更多的经验后,联想研发团队着手制定了塑料及电池成品的老化测试规范,既提升了回收比例,也达到了十年以上的可靠性级别。另外,在内部团队中建立了工艺设计指南,提供一个满足市场和创新需要,可供参考的规范之外,也全方位保证了产品品质。

发挥链主作用促进相关方减塑

值得一提的是,除了在"零塑"产品应用上的创新,作为供应链"链主",联想也一直关注供应链的动态,致力于循环经济以及中国环境的保护。例如,作为联想供应商之一的索尼,水桶回收端全部集中在中东地区,如果可以转移到中国国内进行回收,这不仅可以更好地确保原料供应的灵活性,更好地保障原料的质量,更是减少塑料污染,对国内环境进一步的保护。在联想的带动下,2021 年 10 月,索尼从国内小批量地回收了 200 吨水桶,初步建立了国内回收的流程。随着回收体系的逐渐完善,2022 年索尼从国内回收水桶的比例达到了 50%,截至 2023 年,100% 的水桶由国内回收,每年有千吨以上的水桶全部来自中国，更好地保护了国内的环境。

多重价值

带动行业"绿色浪潮"

截至 2023 年底，"零塑"已经在电池、扬声器、内部结构件以及 45W/65W/135W 多种适配器上量产使用，进一步扩大使用范围。在联想的带动下，相应合作伙伴加速绿色转型。同时也欣喜地看到，相比原先预测的 30%—50%—80% 的发展趋势，行业已经在测试使用 90% 比例回收塑料的可能性，向更减碳环保的塑料产品加速应用。

适配器
2021年，PC 行业**首家**
应用 **95%** PCR 塑料

天线支架和电缆支架
95% PCR

电池
97% PCR

扬声器
98% PCR

联想"零塑"产品应用范围

用技术创新推动碳减排

作为业界领军企业，联想深知自己在推动可持续发展方面的重任，一直致力于助力"双碳"目标的实现，用实际行动践行绿色发展理念。截至 2024 年 2 月，联想累计使用 2165 多吨的"零塑"产品，减少约 6055 吨的二氧化碳排放，相当于 10 万棵树生长十年所吸收的二氧化碳量。

树立品牌形象，承担社会责任

"零塑"产品自量产以来，受到《中国青年报》、凤凰科技等媒体的传播与报道，多次参与国家、行业展会，得到了行业、各利益相关方的肯定与支持，有效地传播了企业的正面形象。

未来展望

随着"零塑"的更多扩展应用，未来将进一步探索"零塑"电脑的可能性。这意味着如果全面使用这种塑料，地球将不再因为联想电脑而生产新的塑料，而是用行动去摆脱"塑"缚。而随着电子产品的使用废弃后，联想也在探索更多的电子塑料闭环再生可能性。值得一提的是，除了在"零塑"产品应用上的创新，作为供应链"链主"，联想也与不同行业的龙头企业搭建跨行业塑料回收方案，共同构建"零塑"生态，打造更加无废的世界。

三、专家点评

　　联想集团"零塑料"产品的探索为电子产品行业高度依赖原生塑料这一技术性难题，提供了一把破题的"金钥匙"，为其他企业的减塑行动提供了可供参照的标准。这项行动既体现了企业可持续发展的高度执行力，也符合消费者对环保的需求和期待，同时顺应联合国提出的"塑战速决"全球减塑行动倡议。更值得称赞的是，联想还运用自身供应链管理经验，发挥"链主"作用，促进与利益相关方的减塑合作。希望联想继续发挥标杆作用，在电子行业"零塑料"技术、产品、生态体系建设等方面长远推进。

——金蜜蜂智库首席专家、责扬天下创始人　殷格非

（撰写人：谭越、王旋、韩姣、张佳瑜）

礼遇自然

昕诺飞

万物有灵，光照新生

——以光为媒守护生物多样性

一、基本情况

公司简介

作为全球照明科技领导企业，昕诺飞拥有 130 多年品牌历史，在全球 70 多个国家和地区发展业务，涵盖专业照明、消费照明以及互联网照明。截至目前，昕诺飞（中国）投资有限公司（以下简称昕诺飞）已连续 7 年入选道琼斯可持续发展指数并被评为行业领导者，连续 5 年荣膺中国杰出雇主称号。2020 年，昕诺飞在全球范围内成功实现了碳中和运营，并推出了"闪亮生活，美好世界 2025"的可持续发展计划，致力于为全球可持续发展做出贡献，引领全球照明行业进行低碳转型。

2022 年，昕诺飞启动"低碳照明转型"计划并发布《推动中国"双碳"发展之路——照明行业的实践与愿景》白皮书，重点关注城乡建设、清洁能源、低碳交通、循环经济和绿色农业五个重点领域，通过照明技术转型助力实现中国双碳目标。昕诺飞将长期而持续地聚焦推动多个重要可持续发展领域的变革，积极投身于多个联合国可持续发展目标，为全球可持续发展及长久的生态保护做出贡献。

行动概要

昕诺飞作为全球照明科技领导企业，早已关注到人造光对生态产生的影响。为响应 SDGs 第 15 项——陆地生态，遏制生物多样性的丧失，昕诺飞在全球各地推出环境友好、生物友好的照明解决方

115

案。通过不断开发前沿创新技术，昕诺飞帮助减少光污染，避免对动植物的自然知觉与节律产生影响。在"低碳照明转型"的道路上，昕诺飞一直在探索不同种类的光配方，营造符合自然生命规律的生态夜环境，保护生物多样性。

二、案例主体内容

背景／问题

生物多样性资源是人类文明发展的基础。随着全球人口的不断增加，城市的扩张和人类社会文明的不断进步为自然生态带来持续性的负面影响，进而在不同程度上干扰了动植物的生活习惯，影响生物多样性。2023 年，联合国在生物多样性国际日上将主题定为"从协议到协力：复元生物多样性"。中国作为负责任大国，一直以来积极推动全球气候治理进程，并在"十四五"规划中锚定"双碳"目标，推动绿色低碳发展，更强调将生物多样性保护作为重点关注内容，探索人与自然和谐共生之路。

光是大自然的生命力，自然光为万物生长带来了能量。随着城市的扩张和人类社会文明的不断进步，象征着人类重要技术进步的人造光被广泛地运用在世界各地，在黑夜中为人类带来光明，点亮我们的生活。但是，这些光也在悄悄地影响着自然生态环境。

随着夜间人造灯光的大量使用，夜晚不再黑，继而成为一种新的全球变化问题"光污染"。据估计，全球约 1/3 的人口看不到"银河"，此外受光污染区域每年还在不断增加。除此之外，人造夜间灯光将使生物节律发生改变，如影响鸟类迁徙习惯和趋光性昆虫的生存能力，还会影响植物光合作用的时间，不仅对地上生物有影响，还会从侧面干扰海洋生物的"生物钟"，在不同程度上影响生物多样性。

如何尊重、保护和修复我们的生物财富，是与每个人息息相关的一项重要议题，是一场需要全人类共同行动的蓝色星球保卫战。作为社会发展的主体之一，企业的参与至关重要，这是时代赋予企业的社会责任，更关乎可持续发展的未来。

行动方案

由夜间灯光过度使用引起的环境问题已刻不容缓，为减缓由夜间灯光引起的光污染对生态和健康的影响，许多国家和地区已采取相应的措施限制夜间灯光的使用。但夜间灯光早已成为当代居民生活的中的一部分，依靠限制夜间灯光的使用减缓其生态负面效应，实施难度较大。作为全球照明科技领导企业，昕诺飞也早已注意到了人造光对生态影响的问题，在全球各地积极推出环境友好、生物友好、植物友好的照明解决方案的努力进行已久，力求最大幅度降低人造光对自然生态及生物多样性的负面影响。

生物友好型照明解决方案，保护生物节律免受影响

普通路灯的光线不仅对蝙蝠的飞行和夜间活动都有着极大的影响，也会吸引它们的主要猎物——昆虫集聚。为了不影响蝙蝠的夜间觅食活动，昕诺飞与多方联合研发了一种对蝙蝠的感官与黑暗无异的独特光配方，在荷兰小镇 Zuidhoek-Nieuwkoop 安装了全球首个蝙蝠友好型道路照明路灯系统及 LED 路灯。这种光配方发出的红光波长不会影响蝙蝠的生物感知，为居民夜间出行提供安全照明的同时，帮助当地稀有蝙蝠的夜间活动减少来自人造光的人类活动干扰。

荷兰北部的阿默兰岛，是联合国教科文组织的"暗夜世界遗产：瓦登海地区"计划（Dark Sky World Heritage Wadden Sea Region）的重要组成部分，也是大量候鸟会途径的地区。普通的白光会影响鸟类的方向器官，使它们失去方向。但飞利浦 ClearSky 技术能发出浅浅的蓝绿色光线，这种光线在为人类提供夜间活动所需照明的同时，不会

昕诺飞为荷兰小镇安装全球首套蝙蝠友好型路灯

影响鸟类和夜行动物的生活，让它们能够安全地抵达栖息地。

昕诺飞旗下 Interact 智能互联照明与管理运维系统还可帮助进一步优化照明管理，通过智能互联网络远程控制任意一个照明点，实现实时的远程控制。在能源使用方面，与传统的高压钠灯相比，该系统搭配的 LED 照明产品可节约高达 70% 的能源消耗，在帮助避免光污染的同时，保护野生鸟类和环境，让昕诺飞在实现可持续发展目标的道路上更进一步，并为全球生物多样性保护做出贡献。

推动可持续发展的人造光，提升动物福祉与作物产量

人造光会对自然及生物产生影响，但正确、科学地利用人造光，可以为人类及自然创造更多的财富，推动整个地球绿色低碳发展。昕诺飞发现，在渔业、农业领域运用创

新的专业技术，可以助力企业可持续发展，进一步增加作物产量，提升动物福祉。

昕诺飞为全球首个可持续的黄尾鲕养殖企业 Kingfish 公司提供飞利浦水产养殖光周期 LED 照明产品。通过特殊设计的光学设备，光线能够均匀地分布于整个养殖水箱中，避免出现无光照区域。灯具内部的电子元件可以模拟日出和日落的光效，生长灯则为水箱提供最佳的光配方，让鱼能够在最佳状态下生长。

在中国甘肃临夏的百益亿农国际鲜花港里，先进的全 LED 补光系统助力鲜花港 20 公顷智能温室玫瑰的生产。这套飞利浦的全 LED 补光系统能够促进玫瑰生长，提升花苞颜色、使温室增产、提高玫瑰品质，在这套先进系统的加持下，整个温室的 A 级花比率达到了 80%。以 Red Naomi 红玫瑰为例，每平方米产量从原有的 160~180 支上升到 300 支，A 级比率高达 85%，让鲜花港里的玫瑰养殖产业在植物生长、鲜花生产、绿色节能等方面都得到了有效提升。

昕诺飞为甘肃临夏百益亿农国际鲜花港 20 公顷智能温室提供飞利浦全 LED 补光系统

与传统光源相比，LED 调光水平更灵活、散热低、更节能，并且可以采用更长时间的补光以满足节假日对鲜花的高峰需求。更高产的玫瑰养殖业创造了更多的劳动力需求，带动更多周边农民农闲时就业。进一步提高西部花卉生产质量和经济效益，为当地经济转型升级注入动力。

积极投身科研事业，探索更多光与生物多样性可行性

2023 年 8 月，昕诺飞与天津市极致应对气候变化促进中心（极地未来）在云南迪庆滇金丝猴国家公园和白马雪山国家级自然保护区共同开展"光与生物多样性保护"科研探索活动。极地未来是国内首个以科学探险、公民科学及科普传播等基于自然的解决方案为主要方式，致力于冰川保护与气候变化应对的公益机构，是"联合国生态系统恢复十年"（UN Decade）官方合作伙伴，中国科学探险协会极地科学探险专委会运营单位。

昕诺飞携手极地未来开展光与生物多样性研究

在昕诺飞的支持下，极地未来邀请动物保护和生态学专家，在位于云南迪庆的滇金丝猴国家公园和白马雪山国家级自然保护区，开展光与生物多样性的科学调研与科普，并以科普宣传片和报告的形式向大众讲述光与生物多样性之间千丝万缕的联系，以期更好地理解和保护自然，维系生物多样性，以人与自然和谐共生的方式实现可持续发展。

多重价值

人造光可以是扰乱生物节律的污染源，也可以是夜晚指引航向的灯塔。昕诺飞作为全球照明科技领导企业，始终致力于借助光的非凡潜力创造"闪亮生活，美好世界"，并在2022年启动"低碳照明转型"计划，希望能够通过照明产品、系统和服务在低碳环保和可持续发展中的应用创新，为生物多样性建设和生态环境保护贡献一份光的力量。

在环境友好、生物友好、植物友好等生物多样性保护和可持续发展的道路上，昕诺飞持续稳步地前行，不断探索和完善生态照明解决方案，研发不同种类的光配方应用：能够减少光污染，避免对动植物的自然知觉与节律产生影响，营造符合自然生命规律的生态夜环境，保护生物多样性；可根据不同农作物的需求定制光源，以可持续的方式促进产量及质量，降低农业对环境的影响，推动农业绿色发展；针对鱼类、家禽和畜牧的定制化光配方能够有效提升动物福祉，为动物创造适宜的生长环境，改善动物健康状况，让动物能够在最佳状态下生长。

与极地未来的合作科考项目以及昕诺飞长期以来在低碳环保、生态维护方面的项目实践，将帮助昕诺飞不断完善在生态照明领域的探索与研发，创造出更多守护自然环境、保护生物多样性的照明产品、系统和服务，推动整个照明行业朝着科学、可持续、人与自然和谐共生的良好方向发展。

未来展望

构建人与自然和谐共生的地球家园，是与各行各业都息息相关的课题，昕诺飞从未停下在保护生态、可持续发展道路上前行的步伐。昕诺飞不断推进"低碳照明转型"计划，将持续在城乡建设、清洁能源、低碳交通、循环经济和绿色农业五个领域推动照明技术转型，不仅为我国"双碳"目标的实现做出贡献，更是为全球可持续发展目标助力。

在2023年第六届中国国际进口博览会上，昕诺飞与上海市现代农业投资发展集团有限公司及临夏百益亿农鲜花港有限责任公司签署战略合作协议，未来将继续研发绿色低碳的照明解决方案，利用自身在植物照明领域的技术经验，与中国本土乃至世界范围内更多合作伙伴共同推进现代农业发展。

未来，昕诺飞不仅将在全球各地持续推进可持续发展计划，创新设计更多环境友好、生物友好的照明解决方案，在广度上拓宽现有产品组合，更将加大力度与各行各业共同开展合作，深入各个领域进行研究，在深度上开发更多高精尖科技。

三、专家点评

可持续发展之路是一场需要全人类共同行动的蓝色星球保卫战，我们非常荣幸能与昕诺飞开展光与生物多样性的科学调研与科普，唤醒更多人对于生物多样性保护的意识。

——极地未来联合创始人　虎姣佼

昕诺飞正在做的事不仅不会对生物多样性产生破坏，还能够帮助生物多样性的保护并产生正面影响。如果在 10 年之后能够有更多这样的案例，我们生物多样性保护是挺有希望的。

——世界自然保护联盟（IUCN）中国代表处项目主任　杨方义

（撰写人：吴艳、胡子荃）

双碳先锋

国华能源投资有限公司

利用"光伏 + 生态治理"，
争当大漠中绿能先锋

一、基本情况

公司简介

作为集风电、光伏、氢能、综合智慧能源、基金投资于一体的综合型清洁能源企业，国华能源投资有限公司业务覆盖 28 个省份以及澳大利亚和希腊，设置 31 个管理实体进行区域化管理。为贯彻"四重一要"管理理念，国华能源投资有限公司始终坚持各子分公司的信用体系建设，压实各级责任链条，促使公司更好地落实绿色低碳主体责任。

国华能源投资有限公司于 2008 年入驻内蒙古西部地区，负责呼和浩特、包头、鄂尔多斯、巴彦淖尔、乌海、阿拉善六个地市新能源产业的开发经营。截至目前在蒙西地区并网容量达 203.52 万千瓦。

行动概要

为遏制乌兰布和沙漠化顽疾，国华能源投资有限公司在乌兰布和建设漠北光储电站，通过"光伏 + 生态治理"模式，在用太阳能发电的同时，充分利用发电场区光伏板风障、沙障、集雨、热力平衡效应，结合治沙、防沙、绿化以及经济作物种植，实现经济效益和生态效益共赢，对区域土地荒漠化治理和生态环境修复起到重要作用。

二、案例主体内容

背景/问题

　　乌兰布和沙漠位于内蒙古阿拉善盟和巴彦淖尔盟境内，是华西和西北的接合部，地处我国西北荒漠和半荒漠的前沿地带。沙漠北至狼山，东近黄河，南至贺兰山麓，西至吉兰泰盐池，总面积约 1 万平方千米，是我国的主要沙漠之一。乌兰布和沙漠气候干旱少雨，昼夜温差大，季风强劲，年均光照 3181 小时。数十年来，由于自然气候变暖和人为破坏的双重原因，乌兰布和沙漠东进南移的扩展速度非常惊人，是我国沙漠化最为严重的地区之一，其中 426.9 万亩分布在内蒙古巴彦淖尔市磴口县境内，约占该县土地总面积的 77%。如何实现既能因地制宜、防沙固沙，又能有效发电、带来社会和经济效益，是摆在项目开发者面前的难题。

行动方案

　　在现阶段的治沙模式中，光伏治沙是被广泛采取和应用的重要举措。国华能源投资有限公司投资开发的漠北光储电站，位于内蒙古巴彦淖尔市磴口县乌兰布和荒漠化防治科技创新示范基地，总投资为 4.3 亿元，并网容量 10 万千瓦，占地面积约 3000 亩，于2021 年 4 月 30 日实现并网发电，不仅是巴彦淖尔市，也是国华能源投资有限公司首个10 万千瓦光伏+生态治理电站。

漠北光储电站是巴彦淖尔市首个 10 万千瓦光伏+生态治理电站

创新光伏治沙模式

为了能扮亮荒漠、阻止风沙，同时能有效发挥土地的最大效益，国华能源投资有限公司通过充分利用发电场区光伏板风障、沙障、集雨、热力平衡效应，结合治沙、防沙、绿化以及经济作物种植的模式，实现经济效益和生态效益的共赢。

建设之初，漠北光储电站与中国林业科学研究院沙漠林业实验中心合作，通过光伏组件的高支架架设，结合绿化养护，在利用太阳能发电的同时，实施乌兰布和沙漠综合治理。项目建成之后，一方面，光伏桩基能起到固沙作用，光伏组件遮挡日照辐射，减少水分蒸发和晚上结露，加上清洗电池板时喷洒的水分，促进了植被的成活和生长，治沙效果事半功倍；另一方面，光伏治沙使光照资源、土地资源得以科学利用，对促进清洁能源发展，促进西部区域生态、经济、社会可持续发展等具有重大意义。

根据光伏发电项目的特点与乌兰布和沙漠的特性，借鉴当地林草部门及相关科研单位治沙的经验，规划高效、立体的防沙治沙屏障，打造治沙示范区，力争做到一地多用、绿色循环发展。

漠北光伏区绿化工程于2022年3月底开始平沙、覆土、铺管，6月开始种植。漠北光储电站光伏区占地面积约3000亩，除设备区外，治理面积约1600亩，主要种植金银花和苜蓿，灌溉采用滴灌方式。受沙尘气候及覆土层薄等原因影响，2022年苜蓿和金银花新苗成活率约60%，但本地原生草种在滴灌种植中生长较好，治沙效果明显。2023年通过结合治沙、防沙、绿化以及经济作物种植的模式，对其再进行补种，以更好实现经济效益和生态效益的共赢。

推进智慧清洁能源建设

漠北光储电站坚持创新驱动，通过智慧化建设，对人员全行为、设备全状态进行"六个统一"的全覆盖流程化管理，利用优化设备选型，提高设备可利用率和发电效能；利用无人机加强设备巡检等方式加强智慧化，建设无人值守新模式，不断夯实公司安全生产基础，积极探索提升新能源电站巡检效率的新途径，为新能源生产管理安上了"千里眼""智慧脑"，让千里之外的设备运行情况尽收眼底，实现了精准"把脉"设备运行，提升发电量，打造出了"高效发电、智能营维、安全可靠、无人值班、无人值守"全国示范智能标杆场站。

多重价值

项目通过电站有机地将生态修复、能源建设两者结合在一起,生态效益、经济效益、社会效益非常显著,逐步实现沙地增绿、企业增效、资源增值的良性循环。项目建成后,向电网年均提供绿色电力约 2 亿千瓦·时,年均节约标准煤消耗 6.2 万吨,同时大量减少二氧化碳排放和烟尘排放。另外,项目使沙化土地得到有效防治,生态得到改善,提高当地植被覆盖率,对区域土地荒漠化治理和生态环境修复起到重要作用。

对光储电站运行情况进行监控

项目通过夯实智慧电站和智慧企业的建设基础,提高精细化管理水平,提高了企业的核心竞争力,在蒙西地区率先实现了光储电站 +220 千伏升压站集中监控、无人值守的集约模式。2022 年,漠北光储电站"无人值守光伏电站运行维护技术规范"获中国电力企业联合会团体标准;获得"2022 年度中国电力优质工程奖""中国安装工程优质奖"等荣誉。2023 年,漠北光储电站荣获"金钥匙——面向 SDG 的中国行动"双碳先锋类别优胜奖。

未来展望

我们要清醒地看到,虽然发展沙漠光伏已有成功案例,但依然存在很多问题,为更

为沙漠、戈壁等荒漠区域走出一条绿色、高效的生态与产业耦合的新途径，是荒漠区振兴的重要途径

好地实现良性发展，需要多方面综合考虑，必须加强沙漠、戈壁等地区的光伏建设和生态保护与修复的研究。沙漠、荒漠区生态环境较为脆弱，环境容量有限，对人类的活动敏感性强，极易引发土地沙化和水土流失，且遭到破坏后，自我调节恢复能力极差，必须充分进行前瞻性科学评估。

将光伏发展与传统治沙措施相结合。要充分利用现有防风治沙、防护林建设、植树种草技术，如实施草方格沙障等治沙措施，并在光伏电站外围建设阻风带，减少风沙对电站的危害。在光伏电站的选址上，应考虑荒漠地区生态保护修复需求、经济社会发展需求、土地资源配置能力、电力系统技术进步等多种因素，对能够产生显著的生态效益，对国家产业发展有重要意义，对乡村振兴有战略性价值的地区，可纳入优先发展区域。且对于适宜开发区域，须制定全面的防治预案，加强生态保护技术，将可能的负面影响降至最低。

同时，沙漠地区光伏电站建设须基于生态保护的约束，因地制宜、科学合理地实施生态修复措施，尽量减少场平、减少对原有土壤、植被的破坏。特别是在大型风光基地建设中，需严格按照"国家相关生态要求"原则，并尽可能地降低用水量。

在加强沙漠、戈壁等荒漠区的生态保护的前提下,大力发展光伏等清洁能源;利用这些清洁能源,引进新技术,大力发展节水型、电气化、高技术、集约化的沙产业,提高农业和林草业智慧化水平,促进西北荒漠区乡村振兴。为沙漠、戈壁等荒漠区域走出一条绿色、高效的生态与产业耦合的新途径,是干旱沙漠、戈壁等荒漠区振兴的重要途径。

三、专家点评

荒漠化是影响人类生存和发展的全球性重大生态问题。2023 年,习近平总书记在内蒙古考察时强调,加强荒漠化综合防治,深入推进"三北"等重点生态工程建设,事关我国生态安全、事关强国建设、事关中华民族永续发展,是一项功在当代、利在千秋的崇高事业。坚持以系统观念加强荒漠化综合防治,既是对我国荒漠化防治经验的科学总结,也是新时代新征程加强荒漠化综合防治、促进人与自然和谐共生的重要方法论。

国家能源集团高度重视荒漠化治理工作,作为集团新能源领域的代表企业,国华投资在高质量进行光储电站建设的同时,能够主动调动社会各方面力量,组织实施"光伏 + 生态治理"行动,在乌兰布和广阔的荒漠中营造一片绿洲,绘制了新能源防沙治沙新蓝图。未来,我们能源企业要勇担使命、久久为功,把祖国北疆这道万里绿色屏障构筑得更加牢固,通过保护、恢复和促进可持续利用陆地生态系统,不断助力建设美丽中国,助力全球可持续发展。

——国家能源集团　胡永国

（撰写人：黄珊珊、王波）

2023 年
"金钥匙——面向 SDG 的中国行动"概览

　　2023 年,《可持续发展经济导刊》启动了 2023 年"金钥匙——面向 SDG 的中国行动",得到了广大企业的积极响应和支持,一大批落实 SDG 的企业行动汇聚到金钥匙平台。105 家企业的 126 项行动,经过评审参加人人惠享、优质教育、乡村振兴、可持续消费、科技赋能、可持续金融、驱动变革、无废世界、礼遇自然、双碳先锋共 10 个类别的奖项角逐,通过公众网络投票、现场路演晋级评审、行动视频短片专家投票评选等环节,最终 78 项行动获得"金钥匙·荣誉奖",48 项行动获得"金钥匙·优胜奖",15 项行动获得"金钥匙·冠军奖"。为了全面了解 2023 年"咔嗒一声,迎刃而解"的 126 项金钥匙行动,将按照类别对每一项行动、行动申报企业、行动概要进行集中展示。

"双|碳"|先|锋

迈入碳中和时代，减碳早已超越环保，成为一个经济社会发展范式变革的问题。对于企业而言，减少自身生产活动以及整个价值链上的碳排放，也不再只是社会责任，而成为一个事关合规和提升市场竞争力的重要砝码。双碳先锋类别在减碳领域取得卓越成绩的企业行动通过技术、管理、产品、模式等创新深入脱碳，不仅为自身赢得了市场尊敬，也为行业树立起了榜样。

构建"亚运村碳中和生态圈"，汇聚降碳百倍能量

国网杭州市萧山区供电公司

为推动亚运村节能减排，助力将杭州亚运会打造为首届碳中和亚运赛事，国网杭州市萧山区供电公司探索在推进节能电力硬件设施"被动降碳"基础上，带动亚运村村民及更广泛的人群"主动降碳"，在亚运村电力服务过程中构建包含基底圈层、中心圈层和辐射圈层的亚运村碳中和生态圈，为亚运会碳中和目标及社会绿色发展注入澎湃的绿色能量。

"江水空调"：一江碧水送来冬暖夏凉

**国网江苏省电力有限公司
南京市江北新区供电分公司**

在"双碳"目标背景下，传统空调系统的节能降耗势在必行。国网南京江北新区供电公司立足江水源热泵技术推广应用所面临的政策支持、资金投入、技术支撑、社会认可等方面的突出挑战，创新联合各利益相关方探索建立江水源热泵技术推广模式，推动形成全球最大体量的江水源热泵中央空调区域供能系统，找到了成功破解空调高耗能困境的"金钥匙"。

港口好"风光"——打造大型港口"绿色零碳"样板

**国网天津市电力公司经济技术
研究院、天津港电力有限公司**

针对港口企业低碳用能"卡脖子"难题，国网天津经研院协同天津港电力有限公司助力打造全球首个"零碳码头"。利用防波堤等特色场地创新布局风电、光伏基础设施，从能源输入端解决碳排放源；定制港口设备清洁化替代方案，从能源消费侧减少"吐碳"环节；创新搭建综合能源供需管理平台，从能源管理侧实现碳排放量最优化。

绿色"塑"变——探索塑料行业全链条低碳管理

国网浙江省电力有限公司
余姚市供电公司

针对余姚涉塑产业低碳转型难题,国网余姚市供电公司与当地塑料龙头企业合作,创新开发用户侧碳排放智慧能源管理平台,围绕监"碳"足迹、绿"碳"源头、集"碳"减排、创"碳"名片四个方面,打造全国首个塑料行业"全环节碳管理"示范项目,积极探索政企联动、共同参与、合作共赢的服务合作新模式,助力塑料产业绿色低碳发展。

利用"光伏 + 生态治理",争当大漠中绿能先锋

国华能源投资有限公司

为遏制当地沙漠化顽疾,国华能源投资有限公司在乌兰布和建设漠北光储电站,通过"光伏 + 生态治理"模式,在利用太阳能发电的同时,充分利用发电场区光伏板风障、沙障、集雨、热力平衡效应,结合治沙、防沙、绿化以及经济作物种植,实现经济效益和生态效益共赢,对区域土地荒漠化治理和生态环境修复起到重要作用。

"碳"图索计——电碳生态地图服务城市节能降碳

国网福建省电力有限公司
厦门供电公司

针对电碳生态地图应用过程中存在的"三不"难题,国网厦门供电公司研发"碳图智能工具包",拓展电碳生态地图应用场景;多渠道汇集全要素能源资源,助力电网精细化能源调控;搭建虚拟电厂平台并促进政府出台政策,带动社会大众共同节能降碳,实现电碳生态地图服务城市节能降碳。

"无用"土地变身经济绿洲

龙源电力集团股份有限公司

为提高国家能源安全保障能力、推动能源清洁低碳转型、如期实现双碳目标,龙源电力宁夏腾格里沙漠新能源基地项目通过草方格固沙等方式,运用"林光互补""农光互补"技术,实现了"板上发电、板间种植、板下修复"新格局,形成了光、林、草相结合的林沙产业新模式,探索出了一条"新能源建设 + 沙戈荒生态系统保护和修复"的新路径。

风光绿能"零碳"5G方舱基站助力网络减碳

中国移动通信集团
云南有限公司

为推动5G网络绿色高质量发展,中国移动云南公司研发风光绿能"零碳"5G方舱基站,通过电力自给化、传输无缆化、产品模块化、开站一键化、频段融合化、应用场景多样化等创新举措,实现了在极端环境下的通信畅通,有助于减少碳排放,降低能源消耗,推动产业绿色发展,并助力国家实现"双碳"目标。

建立端到端绿色物流体系,实现价值链减碳增效

施耐德电气(中国)有限公司

为减少物流活动的环境影响,施耐德在全球范围内首个搭建出了基础层、能力层及应用执行层的三层架构——端到端绿色物流生态体系模型。通过精益能力进行端到端业务流程再造,自动化设备的创新,再结合数字化技术突破各方业务壁垒,成功解决了传统物流向绿色物流转型的六大屏障,并与链上的合作伙伴共同推动物流绿色发展。

推动上下游协同脱碳,打造气候韧性供应链

京东物流

为推进供应链上下游生态伙伴积极融入产业脱碳大循环,构建绿色价值链,京东物流以自主研发的供应链碳管理平台SCEMP为重要抓手,通过与上下游携手共享供应链碳足迹信息,将相互重叠计算的排放量通过分担方式实现减排,同时共享脱碳技术实现去碳化,用最少的成本减去最多的碳排放量,实现供应链协同脱碳与可持续发展。

打造"零碳"工厂,助力行业"绿色制造"转型

DELIXI
ELECTRIC
德力西电气

德力西电气有限公司

针对在工业生产中容易对环境造成工业污染以及能源浪费的痛点,德力西电气围绕"以人为本、促碳中和、建绿色生态圈"三个抓手,凭借自身科学管理体系以及独特的技术优势,逐步搭建并持续完善绿色制造体系,通过提升能源效率、采用绿色能源、借助数字化技术等手段,以实现"绿色零碳"工厂建设,构建高效、清洁、低碳、循环的绿色制造体系。

招商局蛇口工业区控股
股份有限公司

超低能耗建筑规模化应用，助力地产节能减碳

为推动建筑低碳发展，招商蛇口率先探索高层住宅超低能耗技术应用，在多个项目上实现规模化应用，形成了"绿色设计＋智慧建造＋高品质交付"的一体化开发模式，并完成了从超低能耗到近零能耗到零能耗的跨越，以实际行动推动绿色建筑发展，降低建筑业碳排放。

二氧化碳加氢制甲醇

昊华化工科技集团
股份有限公司

为实现二氧化碳减排，昊华化工科技集团股份有限公司组织技术团队攻关，在二氧化碳加氢制甲醇催化剂和工艺上均实现重大技术突破，并经工业试验装置运行验证，形成了达到国际先进水平的二氧化碳加氢制甲醇成套技术，可在化工、电力、冶金、建材等碳排放重点行业大规模推广应用，帮助企业减碳同时，引领行业绿色发展。

全价值链协同发力，共筑绿色消费生态圈

L'ORÉAL
CHINA

欧莱雅（中国）有限公司

为积极应对气候变化带来的挑战，欧莱雅中国通过提高能源使用效率及使用可再生能源等实现自身运营低碳转型，其中欧莱雅北亚区成为该集团首个实现所有运营场所碳中和的大区。此外，通过打造绿色供应链、促进消费端低碳转型以及赋能全行业绿色低碳发展等，积极促进价值链碳中和，为可持续发展和地球环境做出了积极的贡献。

大梅沙生物圈三号，社区碳中和转型探索先锋

深石零碳科技（深圳）
有限公司

大梅沙生物圈三号更新改造行动通过功能激活、技术改造、运营提升等措施，从清洁能源、废弃物管理、生物多样性保护三个抓手全面提升园区功能，并创新性地引入智能微电网系统实现能源的分散供应与管理，将大梅沙万科中心更新为先锋示范型绿色近零碳社区。同时，行动倡导绿色低碳生活方式，提升社区吸引力和舒适性。

"一碳到底"，数字化"一站式"碳管理服务

国网天津市电力公司

面对用户减碳难题，国网天津电力联合伙伴共建天津碳达峰碳中和运营服务中心，落地集"1+3+5"碳达峰碳中和综合运营服务体系，打造集碳减排服务、碳评估认证、碳排放交易、碳资产运营、碳技术研究的数字化"一站式"碳管理服务，并通过"个性化"配套服务，满足不同用户主体的需求，形成了助力绿色低碳发展的"天津典范"。

"碳"路先行——创新气候行动新探索

立讯精密工业股份有限公司

在气候危机不断加剧的背景下，面对紧迫的碳减排行动需求，立讯精密自主探索企业科学减碳路径，通过综合分析，充分发挥管理资源与技术优势，全面减低运营碳足迹；积极投身清洁技术与产品研发；引导供应商开展行动，为私营部门参与全球气候行动、贡献绿色低碳转型，探索出了一条可借鉴、可复制的路径。

共建"零碳"办公生态圈

北京中海广场商业发展
有限公司

为实现低碳节能，北京中海广场从产品设计到硬件设备设施改造升级，从智能系统投入到精细化运营管理，从增加绿地面积到为绿色出行续航，从绿色代装修服务到政企共建低碳改造，从低碳环保倡导者到联合楼宇租户降碳，通过10大措施节能改造，并创新性地引入EMC合约服务，积极构建健康、高效、零碳的办公生态圈。

赋能新时代绿色人居建设，共赴可持续美好未来

东鹏控股坚持把绿色发展融入企业经营发展战略，以融合科技艺术，缔造美好人居为使命，在向上增长获得经济效益的同时，积极响应国家节能、降耗、减排号召，把建立健全绿色生产管理体系作为企业中长期发展的核心竞争力，从绿色制造、绿色产品、绿色解决方案三个维度率先行动，构筑可持续发展新格局，赋能美好绿色人居建设。

广东东鹏控股股份有限公司

无 | 废 | 世 | 界

从"垃圾分类"到"无废城市",再到"无废社会",中国正在为全球固废处理提供可借鉴的中国实践。无论是科技公司、汽车企业、物流企业,还是新兴环保企业都在开展各式各样的降废行动,通过材料创新、循环利用以及伙伴关系构建等,高效利用资源、打造"无废世界"。2023 年金钥匙活动甄选了"无废世界"类别 10 项优秀行动。

创新干纤维技术,让废旧纸张焕发新生

EPSON

爱普生 (中国) 有限公司

随着全球环境问题日益凸显,各界对可持续发展的呼声不断高涨。爱普生秉承绿色发展和"省、小、精"技术理念,研发出了干纤维技术,通过 PaperLab 干纤维纸张循环系统,以创新技术引领办公纸张革命。该系统通过纸张粉碎、纤维分离、强化结合、按压成型等步骤,在近乎无水环境下实现废旧纸张回收再生,助力可持续发展。

"满天星"让配电房闲置空间化身工业园"分布式数据中心"

国网浙江省电力有限公司
杭州市临安区供电公司

浙江大有集团有限公司

为缓解杭州小微企业的数据存储压力,国网杭州市临安区供电公司探索"满天星"末端分布式微型数据中心发展模式,运用配电房空间闲置与数据中心建设土地使用需求的重叠性,有效整合社会资源,减少土地公共资源占用,为企业提供性能优良、价格友好的数据存储服务,实现空间提供方、供电公司、小微企业、园区多方共享成果。

生活垃圾低值可回收物闭环循环管理创新与实践

厦门陆海环保股份有限公司

针对低值可回收物回收难问题,陆海环保以先进工艺技术和装备赋能产业,创新实践低值可回收物循环管理模式。在政府顶层设计下,协同相关方开展宣培、回收、分选、资源化试点工作。2022 年,在厦门投产了全国首个低值可回收物分选中心,日处理 50~100 吨混杂低值可回收物,其中废塑料约占 60%,为生活垃圾资源循环利用提供了创新性的解决方案。

联想开启笔记本电脑"零塑料"应用新时代

联想集团

为解决电子产品原生塑料依赖问题,联想集团通过创新研发,于2021年首家量产"零塑料"适配器,实现适配器回收塑料使用占比95%,完全不使用原生塑料,并进一步扩展到了笔记本电池、扬声器以及内部机构件。截至2022年,累计使用了约1710吨"零塑料",减少了约4400吨二氧化碳排放。并发挥供应链"链主"作用,促进利益相关方减塑。

"蓝色循环",一个海洋塑料污染治理方案

浙江蓝景科技有限公司

蓝景科技以数字技术为手段、价值共享为桥梁,创新解决海洋塑料垃圾谁去收、收来去哪里、治理资金从哪来、行动如何可持续等核心问题,通过海洋再生塑料高值利用和价值再分配,让沿海低收入群众、渔民、产业链企业从参与治理中获利,成功打造具有内驱力、可持续、可复制的"蓝色循环"治理新方案,回收海洋塑料垃圾超过2247吨。

波洛莱精准识别 + 循环利用,打造"零废"可持续仓库

Bollore Logistics
波洛莱物流

物流仓储领域中的包装和耗材是 Bollore Logistics 业务中面临的主要资源效率挑战。通过对入仓货品的耗材精准识别、分类,并依据其原料类型、使用场景等进行重复循环利用,降低其采购量及产生的温室气体排放。对于运营中的必要耗材,先后完成从塑料到纸质、从传统材料到可降解或环境友好型材料等替代方案的落地。

欧莱雅创新水资源管理高效节能循环

L'ORÉAL
CHINA

欧莱雅(中国)有限公司

面对水资源匮乏与污染问题,欧莱雅中国促进生产运营中的水资源循环、采用高效的清洗技术、创新清洗消毒流程水资源重复利用、研发节水产品,让水资源管理更高效。2021年,宜昌天美工厂实现工业流程全部使用工厂回收水新模式,2022年,苏州尚美工厂移动水箱高压喷淋清洗站实现每件产品水耗降低6.4%,节水洗护发神器 L'Oréal Water Saver 节水量达到了80%。

废旧纺织品的自动化分选及资源化

陶朗分选技术（厦门）
有限公司

针对废旧纺织品回收依赖人工手拣、精准分拣难度高等难题，陶朗集团开发的光学分选技术通过传感器对废纺按照材质和颜色精准识别，并通过高压空气精准吹喷的方式实现高速、大规模的物料分离。依托自动化分选技术的大型分选中心，可以为下游的再生加工（资源化）企业提供稳定、高品质的来料，使"纺到纺"的闭环循环成为可能。

全链去碳，循"续"共进，助力构建汽车产业"循环经济"生态

BMW
GROUP

宝马集团

"唯有肩负责任，才堪豪华定位"。宝马协同合作伙伴在中国加速建立循环经济模式，在应对气候变化及资源稀缺方面发挥积极作用。在研发上，推进再生材料研究应用。在生产运营上，通过可再生能源应用、水资源与废弃物管理等，持续降废增效。在回收利用上，开展废钢铝、塑料及零配件回收，协同合作伙伴实现动力电池闭环回收与梯次利用。

破解废旧轮胎循环再利用技术壁垒

伊克斯达（青岛）控股
有限公司

为突破我国废轮胎回收再利用的技术"瓶颈"，伊克斯达自主研发废旧轮胎绿色生态循环利用技术装备，应用 RCOS 远程运维控制平台建设多个"工业 4.0"智能化工厂，打造"互联网 +"回收商业模式，形成了"资源—产品—废弃物—再生资源"全生命周期绿色闭式循环产业链，有效将废旧轮胎进行无害化和高值化处理，创造经济、社会、环境价值。

礼遇自然就是礼遇人类自己，守护自然生态就是守护人类未来。2023 金钥匙行动设置"礼遇自然"类别，经预评审，共有 11 项行动获得路演 / 晋级赛资格。这些行动致力于关怀动物、治理水源、修复森林与沙漠、守护脆弱生态等，多途径保护生物多样性，展现了商业向善和与自然和谐相处之美。

"物以'多'为贵"，共同守护地球的明天

L'ORÉAL CHINA

欧莱雅（中国）有限公司

欧莱雅集团启动"欧莱雅，为明天"生物多样性保护年度项目——"物以'多'为贵"，将保护生物多样性贯穿集团价值链整体布局，在业务运营、企业文化营造、产品创新、消费者教育、合作伙伴共建等多维度落实生物多样性保护实践，通过跨界合作、创新的活动形式、丰富的内容设计和良好的参与体验，鼓励消费者和社会公众保护生物多样性。

电连"绿富美"——破解低碳户外旅游与生物多样性保护难题

国网浙江省电力有限公司
宁海县供电公司

推动巡线抢修通道融合进入宁海国家级登山步道，解决树线矛盾。绿电赋能步道，在必要地方开放电杆、铁塔等设施，联合利益相关方装设智慧绿电监控装置，为森林防火提醒监控、生物多样性保护调查提供硬件支撑。组织"绿行者"户外打卡团队，参与生物多样性保护以及户外电力设施保护，实现社会经济发展和生物多样性和谐共生。

电气化赋能生态渔业，保护长江水生生物

国网江苏省电力有限公司
江阴市供电分公司

国网江阴市供电公司携手政府部门、水产养殖户、渔业电气化设备供应商、绿电服务商、长江水生生物保护协会等利益相关方，共同打造长江岸线污染治理，稀有鱼类电气化养殖和增殖放流，"电气化赋能长江生态渔业"推广的江阴模式，将长江生态渔业新技术、新模式充分聚集，为长江生态渔业发展赋予了更广袤的空间。

平朔复垦区生物多样性保护与实践　助力企业可持续发展

中煤平朔集团有限公司

中煤平朔集团通过自身实践，以"地貌重塑、土壤重构、植被重建、景观重现、生物多样性重组与保护"为核心理念，充分考虑地形、土质、气候特征，不断改进生态重建方案设计，通过草灌乔结合的立体化种植模式，使复垦区形成一个良性的生态环境，创造性地探索出平朔矿区生态重建和生物多样性保护的新模式。

三江源·沁源行动

沁园 TRULIVA

浙江沁园水处理科技有限公司

三江源·沁源行动是由三江源国家公园管理局支持,联合利华旗下净水品牌沁园携手中华环境保护基金会及三江源生态保护基金会共同发起的公益行动,旨在支持我国生态环境保护事业和美丽中国的建设,促进水源地生态文明建设。在未来十年,以三江源为核心向外辐射,助力实现高原地区零废社区建设和人与自然和谐相处的长远愿景。

成功探索海上风电与海洋生态共生之路

龙源电力

LONGYUAN POWER

龙源电力集团股份有限公司

龙源电力坚持人与自然和谐共生的可持续发展理念,积极投身海洋生态保护事业,建立了国内首个海上风电鸟类观测站,开展海上风电对鸟类影响的课题研究,创新生态保护模式,打造海上风电生态保护项目,实施环境监测、增殖放流、鸟类保护、湿地整治、养殖示范等生态工程,促进海洋生态文明建设、推动海洋环境保护工作。

海风起,绿电来,能源转型助力自然受益

国华能源投资有限公司

国华能源投资有限公司在国华东台海上风电项目各环节各流程中聚焦海洋和海岸生态保护和修复。向海揽风,让人类受益;绿色建设,让海洋受益;生态修复,让海岸受益;增殖放流,让生物受益。助力当地迈向生物多样性恢复的正向轨道,兼顾清洁能源生产和海岸生态保护,为推进自然受益型能源转型提供源源不断的"风动力"。

"协生农法"——索尼创新型环境技术

SONY

索尼(中国)有限公司

协生农法是索尼计算机科学研究所研究开发的一项环境技术,无须耕地、施肥及喷洒农药,通过高密度混种各种有用植物,活用不同植物的特性来构建生态系统,从而达到生态学最优化状态,促进人与自然和谐共生。该技术贡献 11 个联合国可持续发展目标,期待未来协生农法利用植物二氧化碳吸收与土壤固碳对"双碳"目标的实现贡献力量。

与光同行，助力人与自然和谐共生

昕诺飞（中国）投资有限公司

昕诺飞不断探索和完善生态照明解决方案，研发不同种类的光配方应用，减少光污染，避免对动植物的自然知觉与节律产生影响，营造符合自然生命规律的生态夜环境，保护生物多样性。针对鱼类、家禽和畜牧的定制化光配方能够有效提升动物福祉，为动物创造适宜的生长环境，改善动物健康状况，让动物能够在最佳状态下生长。

穿越四季守护"鲵"

国网浙江省电力有限公司
安吉县供电公司

为保护有"两栖届大熊猫"之称的安吉小鲵，浙江省安吉县人民政府在龙王山的安吉小鲵国家级自然保护区内栖息地设立监测点，选址建设安吉小鲵繁育保护站以人工饲养繁育助力恢复野外种群数。国网安吉县供电公司整合资源，联动政府部门打造绿色新型电力系统，共建生态保护防线，守护安吉小鲵茁壮成长，实现生态环境可持续发展。

开展国际合作，守护鄱阳湖流域的生态健康

Sateri
赛得利

赛得利将生物多样性保护纳入 2030 可持续发展愿景，并将支持以科学为基础的自然生态系统保护与恢复作为关键目标之一。一方面，将自身运营的环境影响降至最低，保护运营所在地及周边社区的生态健康；另一方面，重视生态系统保护与恢复，与保护国际基金会合作，致力于改善鄱阳湖流域的生态健康，以加强生态系统修复和对自然的保护。

科 | 技 | 赋 | 能

技术是推动人类进步的重要力量，联合国 2030 可持续发展目标（SDG）的实现离不开科技的支撑。近年来，来自不同行业、不同领域的企业发挥科技优势解决痛点难点的解决方案，为推动可持续发展做出了有益探索，彰显了科技在推动社会进步中的巨大能量和价值。2023 年，16 项企业行动在金钥匙评审中脱颖而出，成为"科技赋能"的典范。

国网浙江省电力有限公司杭州供电公司、国网浙江省电力有限公司杭州市钱塘区供电公司

"氢"装上阵,助推工业园区绿色智慧转型

国网杭州供电公司立足绿氢高效制备、氢能灵活调控难点问题,拓展氢能应用新场景,实现规模化绿电制绿氢,投运国内单体容量最大的纯氢固体氧化物燃料电池,建成国际领先的"电—氢—热"综合能量管理系统,打造"氢量级"工业园区绿色智慧用能样板,为碳中和亚运提供绿色氢能。

阿自倍尔自控工程(上海)有限公司

"新自动化"打造智能节能楼宇空间

阿自倍尔基于"计量和控制"技术优势,在建筑楼宇中采用"新自动化"控制系统,通过"测量升级""数据化""自主化"等特有的环境控制技术,聚焦提升建筑物的舒适性、功能性及节能性,以更低的运行成本,在实现室温、通风和空气质量的同时,确保安全和低碳运行管理,为创造舒适高效的办公、生产空间和减轻环境影响作贡献。

深圳海外装饰工程有限公司

"放线机器人"引领建筑业高效智慧化转型

智能测量放线是智能建造第一步,深圳海外装饰工程有限公司结合建筑业发展趋势,自主研发了"建筑工程室内放线机器人",为解决人工放线环境差、效率低、返工率高等问题提供了新出路。研发团队研发了机器人路径跟踪算法、高精度定位算法等关键技术,已在多个项目中得到应用,用机器人放线满足多样化装修需求,助力建筑业高效智慧化转型。

中移物联网有限公司

公租房云监管自动识别违规入住行为

针对公租房人工管理中转租行为难发现、空置行为难排查、欠租行为难执行等痛点,中国移动以物联网技术、大数据分析、云网一体化能力打造"业务 + 平台 + 终端"标准化解决方案,实现人员身份核验、房源运营管理、通行权限管理等能力。平台自动识别违规入住行为,协助管理人员予以清退,缩短轮候住户等待周期,让国家资源更有效利用。

打造零碳灯塔工厂，助力外向型企业低碳发展

国网江苏省电力有限公司
无锡供电分公司

无锡市着重发展外向型经济，绿色低碳的出口产品更容易打破贸易壁垒，赢得市场青睐。国网无锡供电公司赋能地区外向型企业高质量发展，开发"企业级虚拟电厂＋能效管理"平台，围绕供电可靠性提升、光伏绿能直供、工厂能效管理、绿电交易服务展开合作，打造首个零碳"制造业灯塔工厂"，助力企业绿色低碳发展，增强企业竞争力。

智能服务可持续农场，赋能动物蛋白绿色生产

dsm-firmenich ●●●

帝斯曼—芬美意

畜牧业环境足迹计算和精准化管理是农场实现碳减排面临的挑战。帝斯曼—芬美意联合行业专家开发了智能可持续服务 Sustell™，以数据驱动的方式为价值链上的合作伙伴提供精确、简单、可操作的可持续解决方案，改善动物蛋白生产的环境足迹和盈利能力。目前，Sustell™已建有奶牛、肉鸡、蛋鸡、生猪和三文鱼农场模型并实现了商业化运营。

城市住房空置率一"电"了然

国网山西省电力公司
太原供电公司

国网太原供电公司基于太原全市居民用户用电量数据、居民用户基础档案数据，依托大数据分析技术计算住房空置率需要对数据进行泛在整合和深入挖掘，创新住房空置率统计方法，全景展示住房空置现状、深度展现住房空置走势，并拓展其应用场景，支撑相关方决策，助力城市管理升级和优化。

影像科技让非遗文化"活起来"

佳能（中国）有限公司

作为影像技术的革新者，佳能（中国）深度走访 8 座城市，借助现代影像技术探索传承保护的新途径，通过记录、保护和传承非遗文化助力双钩书法、竹刻、湘绣、版画、云南甲马等 9 种非遗技艺焕发新生，用有温度的现代科技让非遗成为指尖文化，为传承和焕新非遗赋能，使民俗和非遗佳作"活起来"，成为以现代科技助力人文传播的典范。

AI 赋能行业短信智能管理体系，守护人民钱袋子

中国移动通信集团有限公司
中国移动通信集团贵州有限公司

中国移动发挥技术优势，建立行业短信智能管理体系，推出行业短信违规预警、应急短信智慧分流、行业网关主动容灾三大模块，形成一套高质量综合解决方案，支撑全国打击"空号短信"违法行为，协助北京市公安局抓获"跑分洗钱"犯罪嫌疑人，赋能北京市 2400 万用户应急短信疏通，助力全国行业网关故障抢通，为国家挽回上亿元经济损失。

架设光伏入网"红绿灯"，建立分布式光伏生态圈

国网江苏省电力有限公司
镇江供电分公司

国网镇江供电公司依托用电信息采集系统数据，对光伏量测数据转发至调度部门统一管理，消除分布式光伏监测"盲区"，破局分布式光伏监测难题；结合分布式光伏数据，开展分布式电源承载力准确评估，架设光伏入网"红绿灯"；通过电网企业、光伏电站用户、政府联动，共同应对光伏入网安全风险隐患，建立分布式光伏生态圈。

数字化塑造新能源生产行业标杆

龙源电力集团股份有限公司

龙源电力倡导"数字龙源"，构建"感知＋决策＋执行"协调联动系统，建成全球数据规模最大的新能源数字化平台，实现新能源智能监控、智能管控等核心应用领域自主创新，促进生产组织变革和工作效率提升，在新能源标准作业、预知维护、数字监管、本质安全、人文关怀等方面取得显著成果，塑造了"新能源生产数字化"行业标杆。

"5G 入海"激活蓝色潜力

中国移动通信集团
广西有限公司

广西移动立足海域场景的通信诉求与难点，打造"点—线—面"5G全覆盖海上立体精品网，创新发挥 5G 技术优势，挖掘"5G+ 智慧海洋"创新应用，以关键项目的推进，解决政府海洋治理、向海产业发展、沿海渔民通信等多方需求难题，以信息化力量赋能海洋经济，致力于实现互联互通的"海上数字丝绸之路"，助力北部湾向海经济发展。

咔嗒一声　迎刃而解
金钥匙可持续发展中国优秀行动集 2023

差异化超级 SIM 必达通知技术助力国家应急预警精准触达

中移互联网有限公司

面向应急信息触达领域，中国移动基于超级 SIM 卡核心能力，自主创新打造的必达通知应急预警国产技术，填补了国内该领域的技术空白，全面提升防灾减灾应急预警能力，保障重要政务通知准确触达，助力国家应急管理现代化。已联合广东省应急管理厅、江苏政务等多家单位技术落地，2022 年下发必达通知 5770 万条，转化价值约为 539 万元。

5G+AI 赋能海南基层医疗，缓解百姓看病难题

中国联合网络通信集团
有限公司

针对基层医疗卫生机构能力弱、基层百姓看病难等痛点问题，中国联通海南省分公司协同海南省卫生健康委员会，实施基于 5G 物联网的基层医疗卫生机构能力提升工程。通过数字化平台升级，以及 5G、人工智能基础设施与核心能力覆盖全省，驱动基层医疗体系、流程优化完善，助力海南省"互联网＋医疗健康"进入全国领先行列。

智慧泊车系统让出行与停车服务全面升级

合创汽车

合创汽车智慧停车场率先应用自主研发的智慧泊车系统，采用网云一体化服务型架构，实现车与人、车与智能终端、车与环境三个维度的连接，全方位扩大车辆感知能力，让泊车更智能、更安全、更便捷，找位更容易，提升了用户的停车、充电、洗车等的体验感，有效提升了停车资源和充电设施的利用效率，提高了通行效率，降低了汽车碳排放。

智能物流仓储带来快捷无忧消费体验

adidas

阿迪达斯体育（中国）
有限公司

阿迪达斯苏州自动化配送中心 X 总投资约 10 亿元，并凭借环保贡献获得了 LEED 最高级别铂金认证，以顶尖数字化智能技术和自动化硬件配置赋能园区数字化运营、管理，解决搬运、拆垛、分拣等物流仓储场景中的痛点，极大地提升物流中心的工作效率与运营人员的工作体验，为消费者带来快捷无忧的消费体验。

可 | 持 | 续 | 消 | 费

消费对经济发展的基础性作用持续增强，消费的优化升级对于经济的转型发展和满足人们对美好生活的需要，均具有重要意义。可持续消费既需要消费者的行动推动，也需要产品供给侧的绿色变革和可持续发展。2023 金钥匙行动设置"可持续消费"类别，旨在寻找促进可持续消费的优秀解决方案，树立贡献联合国可持续发展目标 12 的标杆。

小改变创造大不同　让可持续生活简单易行

宜家 (中国) 投资有限公司

可持续生活应该是简单、有吸引力的，不需要牺牲便捷、舒适、设计或支出。宜家将可持续原材料作为产品价值链的起点，将可持续理念贯穿产品设计、生产制造、零售终端及售后全价值链，提供超 4000 种可持续产品，并推广可持续循环市集、购物绿色动线，传递健康可持续的生活理念，让消费者参与可持续生活变得简单易行又节约成本。

守护地球之美　引领美妆可持续消费新风尚

欧莱雅 (中国) 有限公司

欧莱雅持续推动美妆行业可持续变革，在产品研发环节，践行生态设计，减少产品配方环境足迹，采用生物多样性友好配方，创新绿色包装实践，持续提供高质量的可持续美妆产品；在营销沟通环节，打造环境友好门店，提供产品环境影响信息及等级标注系统，开展可持续消费公众倡导等，引领消费者践行可持续消费，完成从理念到行动转化。

物尽其用　绿色办公

山东第二树循环家具有限公司

第二树专注于更环保和更有品质的循环办公家具，率先建立"可租可售可回购"办公家具循环模式，使二手办公家具行业从参差不齐的量化销售转向经济环保品质循环，以品质办公家具回收利用促进社会资源节约，让二手家具成为新资源，降低材料资源消耗、减少社会总碳排，以最少的资源开发和最小的环境影响实现社会效益的最大化。

从"无需餐具"到"适量点餐"，可持续消费你我皆可

北京三快在线科技有限公司
（美团外卖）

2017 年，美团发起外卖行业内首个关注环保的"青山计划"，并在行业首推"无需餐具"产品功能，将可持续纳入平台机制和产品设计；2021 年，美团外卖深入推进减少食品浪费工作，通过"适量点餐"提醒，优化用户反馈机制，强化餐品分量信息公示，激励商户供给小份饭、小份菜等，推动餐饮商家可持续转型，引导消费者践行绿色生活。

解决微纤维挑战，从源头减少时装业塑料足迹

INDITEX

Inditex（爱特思集团）

35% 的微塑料污染来自合成纺织品的洗涤，衣物洗涤脱落的微纤维对水生环境和食物链构成潜在威胁，成为不可忽视的环境问题。为应对这一"看不见的挑战"，Inditex 与顶尖研究机构携手建立微纤维联合研究网络，推出减少微纤维释放的洗涤剂和应用于服装制造的空气纤维洗衣机，并将收集到的微纤维回收利用，持续助力减少时装产业中的塑料足迹。

传统文化传承计划

东阳欢娱影视文化有限公司

欢娱影视以"影视＋非遗"的方式努力发掘优秀传统文化的当代价值，将大量传统优秀文化融入影视创作中，借助影视剧发行助力文化出海，提升文化自信；在横店创建工厂与文化博物馆，培养专业人员，扶持非遗匠人。以传承与创新赋能，开发更加当代化、生活化、实用化的衍生产品，推动中华优秀传统文化与非遗的创造性转化与创新性发展。

追"新"逐"绿"，加速新能源汽车下乡

国网江苏省电力有限公司
南京市溧水区供电分公司

南京溧水是国家级新能源汽车产业基地，也是国网新能源电动汽车下乡四个示范区之一，国网南京市溧水区供电公司充分结合溧水产业优势，重点围绕"服务新能源汽车下乡"政策，建设运营好"充电网"、多方组建好"销售网"、推动完善好"售后网"，让开车更持久、买车更容易、修车更安心，助力乡镇消费者绿色消费与低碳出行。

电动车充电碳普惠 加速绿色低碳出行

浙江安吉智电控股有限公司
（能链智电）

能链智电是中国充电服务第一股，截至 2023 年 3 月 31 日，能链智电已连接 5.5 万座充电站、350 座以上的城市，2023 年一季度充电量达到 10.23 亿度。通过源头绿色化、场站绿色化、使用绿色化，夯实用电绿色消费场景；通过碳普惠创新机制，率先在行业建立充电碳账户，通过积累充电碳积分在碳商城兑换奖品，激励用户参与碳减排，加速绿色低碳出行。

小小碳账户　助推绿色低碳新生活

中信银行股份有限公司
信用卡中心

中信银行信用卡中心与多个政府主管部门、专业机构合作，主导推出国内首个银行业个人碳减排账户"中信碳账户"，并在 2023 年携手低碳生态平台伙伴推出绿色消费体系，包括"绿色消费标准指南""绿色消费活动""绿色消费品牌商户"，覆盖绿色金融、新能源、出行、回收、阅读、餐饮等场景，让绿色低碳的生活方式真正融入日常生活。

创新体育公益产品　助益孩子健康成长

摩腾运动器材（泗洪）
有限公司

作为赛事用球和体育器材制造商的摩腾，面向 SDG4 和 SDG12，以足球运动为媒，开创"创意产品 + 公益活动"模式，针对不同年龄段的孩子，设计展开知识讲解、组装足球、踢足球"三位一体"活动，培养孩子的可持续发展意识，手工能力、立体空间感知力，倡导重视循环利用资源、减少垃圾丢弃，结合足球运动，倡导健康生活。

以"6 步鲜米精控技术"探索节粮减损新"稻"路

益海嘉里金龙鱼粮油食品股份
有限公司

针对稻米加工水平较低、副产品综合利用率较低、粮食产后损失和浪费较严重等问题，益海嘉里金龙鱼首创稻谷"6 步鲜米精控技术"创新体系，全链路锁鲜，为消费者提供更高营养价值和更好消费体验的产品；在探索发现"鲜割"是全链条节粮减损的前提和关键后，通过种植端的适时收割，既保障了水稻新鲜度，又实现了全链条节粮减损。

一笔开启　绿色生活

上海晨光文具股份有限公司

晨光倡导更多年轻消费者从生活小事做起，践行可持续理念，助推负责任消费。在坚持产品品质的基础上，晨光围绕绿色设计、可持续原材料、绿色产品包装、理念倡导四大要素，研发和推广可持续产品，携手美团"青山计划"推出晨光首款碳中和文具系列，从原材料到废弃物，达成全生命周期碳中和，为消费者带来更多绿色环保的产品选择。

乡｜村｜振｜兴

通过实施乡村振兴战略，乡村产业振兴打开新局面、乡村人才振兴激发乡村活力、乡村文化振兴焕新文明风尚、乡村生态振兴彰显乡村底色、乡村组织振兴夯实振兴基石。企业是乡村振兴的重要参与方，企业助力乡村振兴正在上演精彩华章。2023金钥匙活动设置"乡村振兴"类别，旨在发掘更多企业破解乡村发展难题、助力乡村振兴的创新范例。

从"看天吃饭"到"靠链增收"

国网江苏省电力有限公司
涟水县供电分公司

位于江苏省淮安市涟水县的特色芦笋产业，因单季种植而使其产能及农业发展受限，国网涟水县供电公司积极串联各方优势，服务创建国家级设施芦笋标准化示范区，同时通过实施反季种植、田头冷链等电气化改造，统筹芦笋种植、采收、加工、运输、销售、品牌等全产业链发展，形成国内芦笋产业新业态，激活乡村振兴新引擎。

"碳"寻美丽乡村，助力循环农业高质量发展

国网江苏省电力有限公司
太仓供电分公司

"天下粮仓"苏州太仓，如何实现农村集体经济既增收又降碳？国网太仓市供电公司立足太仓现代田园城的资源禀赋，以乡村能源绿色转型为抓手，通过摸清东林村碳排底账，实施"零碳乡村"行动，助力东林村构建并升级"一片田、一根草、一只羊、一袋肥"的生态循环绿色农业模式，打造出"鱼米之乡"产业升级、农民增收、乡村宜居的低碳绿色新样板。

快手"村播计划"让广大农民过上美好生活

北京快手科技有限公司

2018 年快手成立扶贫办公室，后升级为乡村振兴办公室，2023年通过"村播计划"加码打造"短视频、直播 + 助农"乡村振兴快手模式。快手相继以"农村青年主播培养计划""幸福乡村带头人""她力量""农技人计划"等多个"村播"帮扶行动，让越来越多的乡村主播借助短视频和直播改善生活境遇、促进乡村经济发展和文化出圈。

乡村振兴"满格电"，民宿发展"加速跑"

国网上海市电力公司
崇明供电公司

上海崇明前卫村是国家旅游局选定的"全国农业旅游示范点"，国网崇明供电公司为解决崇明乡村民宿用电普遍存在的全电民宿推广难、高峰期用电容量吃紧、针对性服务供给不足三大问题，以前卫村为试点，推动全电民宿改造 250 户，升级配电网实现民宿用户连续 43个月零停电、零投诉，有效提升了崇明民宿的能级和水平。

振兴在小岗 "智电"满粮仓

国网安徽省电力有限公司
凤阳县供电公司

国网凤阳县供电公司认真落实国家乡村振兴战略，紧扣小岗村现代农业发展方向，开展农业生产全流程电气化农机具推广应用，以"数智联动"助力智慧农业多元化，"数智农机"助力农业生产电气化，"数智大棚"助力农村产业高效化，"数智低碳"助力农业转型规模化，实现农业电气化，"智电"满粮仓，助力小岗村持续走在乡村振兴最前沿。

电亮无限"薯"光，让黄土地产出更多"金疙瘩"

国网甘肃省电力公司
定西供电公司

甘肃定西曾被评价为"不具备人类生存条件"的地方，国网定西供电公司从科技创新与循环绿色农业需求出发，立足"光伏消纳 + 农业负荷"，开展多维度光—荷—储综合优化控制，培育新型农业负荷，兼顾光伏扶贫收益与现代化农业生产效益，同时依托"电力爱心超市"搭建一站式社会服务平台，助力定西撕掉"苦甲天下"的历史标签。

滴水观海，打造电助乡村共富的下姜模式

国网浙江省电力有限公司
淳安县供电公司

　　针对下姜村农村发展难、绿色转型慢、村民收入低、村民生活体验差四个方面难题，国网淳安县供电公司推出"可靠电、绿色电、助富电、暖心电"电助共富下姜模式，通过升级改造电网建设，提升新产业电气化水平，拓展农产品线上线下销售渠道，延伸电力服务到村到户，助力下姜村成为高质量推进共同富裕的典范。

生态养殖 + 循环农业，环保高效更增收

北京大北农科技集团
股份有限公司

　　面对传统养猪业产生的环境污染和资源浪费等挑战，大北农集团积极践行现代生态养猪理念，在泰和建设了生态循环养殖产业园，充分利用技术实现了种养结合、粪便资源化利用和农牧结合的循环农业，并与当地企业合作共赢，不仅带动了村民增收和集体经济的繁荣，实现了资源高效利用，还减少了废污排放，展现了农业可持续发展的新路径。

5G+ 助推生态修复，"盐碱地"变身"生态绿洲"

中国移动通信集团
吉林有限公司

　　为破解盐碱地耕种难题，助力国家粮食安全，中国移动吉林公司成立联合项目组开展"大安盐碱地 5G 专网智慧农业项目"，基于 5G 技术进行盐碱地改良、土壤灌溉、智慧种植等，首创盐碱地"改、耕、种、管、收"全生命周期数智化生态修复管理，极大地提升了盐碱地的生态修复效率和农业生产效率，预计 20 万亩盐碱地可新增经济效益 3.2 亿元。

可持续农业 + 金融创新，助力玉米种植户稳产增收

嘉吉（投资）中国有限公司

　　为帮助玉米种植户抵御自然和市场的双重风险，嘉吉中国与联合国世界粮食计划署联合启动三年期"农业风险综合管理试点项目"，通过水肥一体化改造，试点"保险＋期货"产品，为农民开展可持续农业和农业风险管理培训，增强了玉米产业的农业风险综合管理，提高了农民收入，也稳定了农民种粮收益，保障了粮食安全。

颗颗香榧子串起农业增收致富廊

金恪控股集团股份有限公司

针对单一产农业项目回报周期长、资金回笼慢的问题,金恪集团采取一二三产业融合的发展模式,以特色农产品种植基地为基础,打造了香榧全产业经营体、现代农业示范基地、葡萄酒庄综合体、茶叶种植加工科技产业园、高标准现代农业产业等集精深加工、农业科技以及文旅康养于一体的综合服务园区,促进农业提质增效和农民就业增收。

一切为了"U",电能让"浙"里柚子更香甜

国网浙江省电力有限公司
常山县供电公司

常山柚子曾是当地农民的致富果,但由于味道微苦、品控不佳,受到柑橘业井喷冲击,价格一落千丈。国网常山县供电公司改造薄弱农网,协助果农推进现代化种植,提高柚子品质与产量,支持深加工企业开发大批高附加值农产品,一体化推进"现代农业 + 光伏 + 田园综合体"项目,助力常山县走出一条柚子一二三产业融合发展之路。

"新金融 + 新公益" 探索光伏乡村振兴新样板

Tencent 腾讯

腾讯

农村户用分布式光伏存在建设较分散、区域金融无法有效供给、社会资源难以有效切入等问题。腾讯联合金融及产业合作伙伴,探索"公益 + 金融 + 社会企业 + 产业 + 数字化工具"的可持续社会价值创新模式,发起乡村户用分布式光伏项目,引入慈善信托架构和创新银行贷款,在助力农户增收的同时,提升分布式光伏管理效率,落地光伏电站绿色权益。

邮件"坐上"公交车 便民跑出"加速度"

北京公共交通控股(集团)
有限公司

为解决乡村客运服务和物流服务"最后一公里"难题,北京公交集团与北京邮政公司创新合作,在北京市门头沟区、房山区、怀柔区、通州区等远郊区县开展交邮合作运输,用公交车代送邮包,既提高了公交客运资源利用效率,弥补了郊区尤其是山区邮政运力的不足,又激发了农村消费潜力,有效助力乡村产业兴旺,增强村民幸福感。

"一乡一品"打造乡村产业品牌金名片

一乡一品科技产业有限公司

针对农村普遍存在缺品牌、缺优质产品、缺产业体系等问题，中国民族贸易促进会于 2016 年牵头启动中国一乡一品产业促进计划，以科技公司为实施主体，面向全国 2800 多个县市、4 万多个乡镇，梳理打造优势地域品牌，促进产业中心形成和综合性产业提升，推动产业高质量发展。其中，重庆酉阳县打造的区域公用品牌"酉阳 800"案例最为典型。

定向增税收，为乡村帮扶项目引入资金"活水"

WeBank 微众银行

深圳前海微众银行股份
有限公司

微众银行依托数据科技能力，通过将拳头产品"微粒贷"业务核算落地的方式，定向为县域贡献税收，由当地政府将相关税收投入各项"乡村振兴帮扶项目"中，为县域经济发展提供有力支撑。截至 2022 年底，微粒贷乡村振兴帮扶项目已落地全国 47 个县域，其中包含 5 个国家乡村振兴重点帮扶县；项目上线以来累计为各地贡献税收 23 亿元。

稻渔鸭综合种养智能化，实现"一水三用、一田多收"

博彦科技 BEYONDSOFT

博彦科技股份有限公司

在针对传统养殖主要靠经验、信息化水平低、产业服务赋能不足等问题，博彦科技充分运用物联网、大数据、云计算和数字孪生等信息技术，在元阳县建设集生产、监管和品牌帮扶为一体的"一个平台三个端"稻渔鸭综合种养智能化管理平台，为生态养殖提供信息化管理工具，实现了"一水三用、一田多收"的共生互惠、生态共赢。

打造"宁小豆"金字招牌　破解宁洱咖啡产业发展难题

云南宁小豆咖啡科技有限公司

宁洱县是中国咖啡种植面积最大的县区之一，宁洱咖啡却面临有品质无品牌、有产量无议价权、咖农增产不增收的难题。宁小豆咖啡公司通过建立宁小豆咖啡种植、加工标准和规范，推进咖啡特许种植基地、初制所、精深加工厂，聚合全县咖啡产业发展力量，打造宁小豆咖啡的高品质形象，推动"宁小豆"特色咖啡公共品牌成为全县的金字招牌。

人｜人｜惠｜享

联合国 2030 可持续发展议程强调不落下任何一个人，需要的是一个包容、平等、共建共享社会的构建，有赖于多方的力量和创新行动。2023 金钥匙行动设置"人人惠享"类别，旨在展示那些发挥自身优势，关注更多元人群福祉的行动。

以科技力量助力无障碍环境建设

阿里巴巴公益基金会

阿里巴巴公益基金会在信息无障碍、创就业无障碍、生态无障碍领域不断探索。通过对 App 进行无障碍升级，结合科技能力推出轮椅导航服务、研发智能 AI 手语翻译官、开设无障碍剧场频道，以免费电商赋能等方式助力残疾人伙伴创就业，并通过阿里巴巴公益平台和天天正能量平台，帮助残疾人伙伴融入生活，弘扬助残正能量。

居有所安老有所乐，持续助力城镇适老化改造

龙湖集团

龙湖"万年青计划"聚焦城镇老旧小区"社区环境老旧及功能缺失""居家环境适老化程度低""文化环境老年友好度低"等问题，通过公共空间改造、居家环境适老化改造、社区养老服务中心改造、社区关爱及志愿服务，提升城镇社区老人生活的安全性、便利性与幸福感。已在 17 座城市超百个小区落地，为超过 12.6 万老人提升了生活幸福指数。

关爱女性司机，木兰训练营展现"她"非凡力量

VOLVO

沃尔沃集团中国
沃尔沃卡车中国

作为一家追求多元、平等与包容的企业，沃尔沃集团（中国）始终坚持推动职业平等、保障女性权益、助力女性发展和成长。2022~2023年，沃尔沃卡车已推出了两季共三期针对女卡车司机的专项课程"木兰训练营"，帮助她们解决驾驶过程中的实际问题，提高驾驶技能，拓展发展空间，为女性驾驶员实现自我价值创造了更多的机会。

C-STAR 助力非洲青年创新创业

招商局蛇口工业区控股股份
有限公司

　　"C-STAR 非洲青年创新创业计划"于 2022 年 4 月启动，由招商局慈善基金会资助、招商蛇口主导实施，旨在引导创新驱动，帮扶非洲青年创业就业，打造"授人以渔"的民心相通示范项目。该行动包含在吉布提设立非洲青年创新创业中心，并开展创业培训课程研发，持续为非洲培养青年领袖或创业精英，带动当地就业和经济发展。

"无忧电工"为残疾人家庭增技能添保障

国网福建省电力有限公司
莆田供电公司

　　国网莆田供电公司充分发挥专业优势，面向残疾人家庭照顾者开展"无忧电工"项目，通过专业电工技能培训、搭建"线上 + 线下"灵活就业平台及提供就业岗位、设立"无忧基金"确保项目可持续运行，2022 年至今已培训出 93 名合格"无忧电工"，实现人均月收入增加 2400 多元，帮助残疾人家庭走出家门、融入社会、实现价值。

"未来创客"助年轻一代实现梦想

渣打银行（中国）有限公司

　　2019 年渣打集团推出全新可持续发展社区项目 Futuremakers "未来创客"，旨在帮助青年人和社区居民共享经济发展带来的益处，助力下一代获得更多学习、工作与成长的机会。在中国，渣打银行与多家公益机构合作推出了"女孩加油""理财小学堂""未来企业家""大学生就业赋能计划""青年就业创业能力培养"等项目，2022 年超过 6 万名青年和小学生受益。

"救援电塔"架起野外逃生通道

国网浙江省电力有限公司超高
压分公司
国网浙江省电力有限公司绍兴
供电公司

　　巡线遇险、驴友迷路、老人走失……野外救援分秒必争，锁定遇险人员位置是关键。国网浙江电力利用现有电力廊道、线路监控装置等资源，搭建以铁塔救援中心为平台，户外"天眼"为媒介，北斗 SOS 救援站为支点的救援联盟，破解野外救援"定位难"的痛点，将野外救援平均时长从 2~5 天缩短到 4~8 小时，架起了野外应急救援生命通道。

精准扶助巴西小微经济从业者和农民减贫脱贫

中国三峡国际股份有限公司

中国三峡国际股份公司在投资巴西清洁能源投资市场的同时,秉持"善若水、润天下"的社会责任理念,借鉴国内精准帮扶的经验,与当地知名机构联合,支持个体农户的小微经济及旅游业等,通过创业培训指导、提供启动资金、帮助项目孵化等组合方式,为电站附近社区民众减贫脱贫提供支持,促进当地社区的可持续发展与转型。

"电力驿站"蹚出村网共赢路,共治共享绘实乡村幸福色

国网江苏省电力有限公司
南京市高淳区供电分公司

国网南京市高淳区供电公司打造覆盖全区行政村的固定式和移动式电力驿站,以"一块阵地"提供"红色惠民、绿色生态、金色小康"三色供电服务,"一个网格"攻关乡村电力设施安全治理及信息互通提升服务精度难题,"一本手册"规范"村网共建"电力便民服务体系,持续推进电力服务均等化,助力村网电力福祉人人共享。

"母爱 10 平方"打造社会共育"爱心岛"

国家电网
STATE GRID
国网内江供电公司

国网四川省电力公司
内江供电公司

国网内江供电公司充分利用供电营业厅等广泛分布的公共运营场所带来的公共空间资源优势,牵头开展"母爱 10 平方"志愿服务,面向社会提供关爱母婴便捷服务,促进相关方合作共赢,并积极发挥示范带动作用,引领更多的企事业机关单位,投入到母婴友好场所的打造中,是落实人人惠享、增强妇女儿童权益的生动体现。

为乡村孩子"筑梦"圆梦

河南中原消费金融股份
有限公司

以"惠及每一位乡村孩子"为理念,中原消费金融搭建了"筑梦工程"圆梦体系,其中包含"梦想的书架"公益捐书项目、"乡村的童画"系列美育课程、"奔跑的通知书"捐赠助学活动以及"圆梦行动"助力留守儿童与父母团聚等一系列助学关爱活动,通过提升乡村孩子的软实力、关注他们心灵需求的实现,为孩子的成长产生了积极的影响。

"目之所及，温暖由生"

声随形动（重庆）文化传媒
有限公司

声随形动（重庆）文化传媒有限公司立足多媒体服务商的定位，通过创新性产品为学校、企业、组织提供营销和无障碍服务，关注残障人士就业，陪伴听障者融入社会；坚持以商业向善的方式，打造"目之所及"听障就业赋能平台；通过推广平台和产品，倡导包容性设计，让目睹温暖的每个人共同实现"目之所及，温暖由生"的理念。

帮助无声的世界，让天使听见爱

康宝莱（中国）保健品有限
公司

2009 年至今，康宝莱已连续十四年开展"天使听见爱"公益项目，救助困难家庭的听障儿童植入人工耳蜗及语言康复，让他们回到有声世界，像普通儿童一样健康成长。近些年，项目调整为更加关注术后儿童语言康复和社会融入。截至目前，项目累计筹集善款逾 4700 万元，资助 194 名听障儿童植入人工耳蜗，落成 9 个康复阅读馆，支持 20 个融合教室。

集善助学点燃残疾人自信和希望

北京东大正保科技有限公司

正保远程教育与中国残疾人福利基金会共同推出"集善学习卡"网络学习项目，免费为残疾人提供外语、会计、计算机、建筑工程等方面的技能培训，帮助他们提高劳动技能水平。截至目前，正保已累计捐赠了价值超过 2 亿元的集善学习卡，16 万多名残疾人参加网络课程学习，更加顺利地实现就业，成为社会建设的有用之才。

员工创新有动力，幸福职场"不设限"

完美世界控股集团

为提升员工的职场幸福感，完美世界控股集团于 2019 年自主创立了"幸福职场"双轴模型和"组织平台赋能＋个体自我驱动"的"两翼性"路径。在保证员工努力得到认可与激励的同时，2022 年又启动了"首届员工创意游戏设计大赛"，并搭建"论语"系列技术交流论坛，让员工在开放、平等的平台上，得到创新能力激发与自我价值展示。

优 | 质 | 教 | 育

让人人获得高质量的教育是改善人民生活，推动可持续发展的基础。为了实现包容和公平的全民优质教育，企业发挥优势和所长，做出了不懈努力。为此，2023 金钥匙行动设置了"优质教育"类别。

可持续发展课程走入小学，为下一代种下"绿色"的种子

施耐德电气（中国）有限公司

"施耐德电气可持续发展少年课堂"是施耐德电气围绕联合国 17 个 SDG 目标，为基础教育阶段的儿童量身定制的可持续发展互动课堂，通过易于被孩子理解的目标课程与"理论 + 实验 + 实践"形式传递可持续发展理念。自启动以来，课程已指引北京、上海、武汉、广州 4 个地区 21 所小学的 1215 名学生将可持续发展融入自己的生活和学习。

探索适村化教学内容，以科技向善助力教育普惠

腾讯

腾讯 SSV 数字支教实验室建设数字支教系统"企鹅支教"项目，基于腾讯优秀的产品与创新能力，研发高质量教育内容及远程在线教室和志愿者管理 SaaS，较好解决了偏远地区、极端条件下的授课稳定性问题，同时打通教务系统，有效组织并管理志愿者。目前，项目在全国逾千校、超 2000 个班级落地，为更多的乡村孩子带去了优质的教育资源。

"红石榴计划"助力教育帮扶资源最大化

**国网山东省电力公司
枣庄供电公司**

针对资源型城市转型中产生的以留守儿童为主的困境儿童教育问题，国网枣庄供电公司打造"红石榴计划"教育帮扶品牌，通过建立可持续管理机制、明确"五心同行"活动内容、创新抱团履责形式、持续开展特色实践等，实现教育帮扶体系化推进、常态化进行、品牌化运营、社会化覆盖、示范化引领，累计教育帮扶儿童 953 名。

关注弱势群体需求，直播短视频助力新时代普惠教育

北京快手科技有限公司

快手深入关注青少年、老年人等弱势群体需求，用直播短视频从内容、商业模式、技术助力普惠教育：快手与创作者共同建起一座"社会大学"，帮助 1231 万成年人在直播间里学识字，发起《新知如师说》等活动让更多人拥抱优质教育资源；发展知识付费新模式，帮助超 128 万老年人在快手获得收入；利用 LAS、数字人等技术降低知识学习门槛。

"为爱上色"公益项目

立邦投资有限公司

2009 年起，立邦发起"为爱上色"公益计划，通过乡村翻新、学校美育助力乡村振兴，让超 10 万名儿童拥有彩色校园和快乐童年。此间，与中国青少年发展基金会、上海联劝公益基金会成立专项基金，捐建立邦快乐美术教室、发起乡村美术老师培训、高校大学生支教等美术教育行动，旨在用美育启迪灵感，让每一个孩子发挥想象、创造美好未来。

搭建云端上的 STEAM 课堂，以数字赋能乡村教育

拜耳（中国）有限公司

拜耳"云支教"助学计划聚合企业、公益组织及教育部门等多方力量，借助"互联网＋教育扶贫"的数字赋能模式，支持并指导超百名拜耳员工志愿者以规范化授课标准质量向乡村儿童输送可重复观看学习的个性化课程，并解除地域、时间、资本限制，有效扩大优质教育资源辐射面，帮助更多乡村孩子获得优质教育机会，促进教育公平。

建设教育资源共建共享平台，促进教育均衡发展

北京东大正保科技有限公司

为给贫困地区的教育注入新鲜血液，依托国家基础教育资源共建共享联盟，正保远程教育与中国人民大学附属中学合作建立中小学教育联盟网，运用基础教育领域应用先进的网络技术，建设全国性的教育资源共建共享平台，为提升我国基础教育整体水平和综合实力、促进教育的均衡发展和优质教育资源的社会共享做出积极的贡献。

为学校引入心理健康教育，让学生快乐成长

亚太森博（山东）浆纸
有限公司

青少年心理健康问题频发，引发社会广泛关注。亚太森博（山东）浆纸有限公司为日照教育系统引入中国科学院专家团队，支持日照学校建立专业多元的泛学校心理服务体系，通过以影像为媒介的课堂教学模式强化学生体验、实践、认知、感悟、内化、外显等多个方面，不断培养和提高学生自我教育、自我管理、自我服务和自我发展的能力。

持续赋能中国乡村教育

普利司通（中国）投资
有限公司

2009 年起，普利司通与相关合作伙伴发起着眼于关注偏远乡村地区儿童教育的公益活动，"幸福七巧板""绿色电脑教室"。在全国 11 个省市及地区捐赠了图书、电脑以及体音美器材，建立了 42 间成长教室，3 间绿色电脑教室。并为乡村小学提供音乐、美术、电脑等课程，培养乡村儿童的想象力、创造力，让乡村师生看见更精彩的世界。

可 ｜ 持 ｜ 续 ｜ 金 ｜ 融

在推动可持续发展和应对气候变化进程中，金融活动的支撑作用越发明显也亟待加强。唯有当更多公共和私人资本投向可持续发展的领域，建设一个更加绿色、包容和健康繁荣的未来世界也将充满希望和动力。可持续金融类别甄选优秀的可持续发展投融资实践，不仅展示了企业在绿色金融、转型金融、普惠金融等领域所开展的积极探索，同时也让更多人看到了金融撬动可持续发展行动力上的引擎力量。

亚太森博（广东）绿色金融创新实践

亚太森博（广东）纸业
有限公司

为积极支持绿色可持续发展事业，亚太森博（广东）借助金融市场推动企业绿色转型与金融机构共同建设绿色金融市场，展开了碳资产抵押、碳排放权质押贷款、"节能减排挂钩"贷款等行动，有效降低了外资企业在华融资成本，为落实中国"双碳"政策、推动全球碳市场交易带来经验与信心。

维萨信息技术（上海）
有限公司

Visa 体街社区金融教育基地项目，探索金融韧性社区建设

为推动金融教育进社区，Visa 携手合作伙伴在北京市东城区创新打造了体育馆路街道社区金融教育基地项目，针对社区居民，特别是"一老一小"、小微企业（个体工商户）以及多元人群等开展需求及跟踪调研、金融知识普及活动，并在社区设立金融教育服务站等，提升居民金融素养与能力，增强社区金融韧性。

中国人寿资产管理有限公司

争做"碳路先锋"，点燃绿色投资"强引擎"

为积极践行绿色投资理念，国寿资产加强统筹谋划、系统推进，打造"绿色引擎"计划，在 ESG/ 绿色投资领域进行多个首次创新探索，构建形成一套 ESG/ 绿色投资管理体系。截至 2023 年上半年，公司绿色投资规模超 3700 亿元，为生态文明建设和经济社会绿色转型发展提供了高质量的金融服务。

深圳前海微众银行股份
有限公司

以科技为擎，打造可持续的数字普惠金融新样本

微众银行以科技为核心发展引擎，推出"微粒贷""微业贷""微众银行财富 +"等一系列普惠金融产品，专注为小微企业和大众提供优质、高效、平等的金融服务，并积极践行可持续发展理念、切实履行企业社会责任，目前服务个人客户已突破 3.7 亿，小微企业客户超过 410 万家，为我国银行业服务实体经济和促进高质量发展提供了崭新思路和范例。

"小满助力计划"以金融科技助力乡村振兴

度小满科技（北京）
有限公司

针对乡村中小微企业面临的资金短缺、人才短缺、难以适应市场节奏等问题，在乡村振兴政策方针指导下，度小满深入乡村企业，梳理用户痛点难点，从资金支持、人才培养、产销结合等路径破解乡村产业发展难题，积极发挥金融科技优势，助力乡村产业转型升级，推动乡村经济高质量发展。

创新推广碳减排挂钩贷款，积极践行国家"双碳"战略

兴业银行股份有限公司

为有效降低企业融资成本，激励企业实现低碳发展，兴业银行在行内积极推广复制"碳减排挂钩"贷款，截至 2023 年 6 月末，该行清洁能源产业绿色贷款余额 1570.03 亿元，落地碳减排（碳足迹）挂钩贷款创新产品 148 笔，金额 78.68 亿元，让企业在享受碳减排带来的优惠利率同时，将碳减排效果转化为实实在在的经济和社会效益。

驱 | 动 | 变 | 革

在不确定性时代，唯有快速开展管理变革、技术变革以及商业模式变革，企业才能打破发展桎梏，营造可持续的商业环境，提升发展韧性。为此，2023 金钥匙行动设置了"驱动变革"类别。

十如

打造可持续发展园林，引领行业转型升级

溢达在桂林打造可持续发展园林——十如，它将溢达的理念付诸实践，体现了其引领行业进入一个可持续发展的新时代的决心与承诺。十如呈现了纺织服装行业开创性的发展模式，结合创新理念、优质就业、文化传承和环境可持续发展为一体，不仅展示了制造业与大自然可和谐共存，更以实践及成果推动企业智能化转型，迈向中国智造。

阳光照亮美丽乡村

中和农信农业集团有限公司

中和农信基于深耕农村市场二十余年的经验和服务网络，在广大农村地区推动包括分布式光伏服务在内的新能源发展，打造集光伏电站开发、设计、建设、智能运维和专业咨询服务于一体的全流程开发建设运营平台，助力清洁能源在能源结构中的提升，提高农户环境保护意识，帮助小微农户稳定增收，提高抗风险能力，促进当地经济发展。

国网杭州供电公司
国网杭州市富阳区供电公司

"转供电费码"+"阳光掌柜",让转供电用能清晰安全更高效

国网杭州供电公司、国网杭州市富阳区供电公司全力支持中小微企业发展,在疫情期间全国首创"转供电费码",将降价政策落实到转供电环节,让中小微企业享受政策优惠;在此基础上,搭建"阳光掌柜"智慧用能管理平台,为转供电主体与终端用户提供能源管理服务,同时满足付费用电清晰、监控预警及时、移动办事便捷三大需求。

中国移动通信集团有限公司
信息安全管理与运行中心

创新风险线索发现与预警技术,助力网信安全防线前移

全球网络安全威胁日益加剧,为压实国家"关口前移"的安全管控要求,中国移动创新网信安全情报监测、分析及预警机制,推动风险管理由"被动应对"到"主动防御"的转变,持续研发风险线索自动化嗅探、动态研判等新技术新模式,防范风险更严密,保障安全更从容,助力发展更高效,客户使用更放心,护航经济社会高质量发展。

国网浙江省电力有限公司
嘉善县供电公司

全域5分钟充电圈-加速"车能路云"融合新生态发展步伐

"聪明的车、可靠的能、智慧的路、实时的云",构成绿色智慧出行生态系统。国网嘉善县供电公司创新打造全域光储充一体化充电e站、分体式移动充电站、智慧充换电站运营系统等,解决农村配套充电设施不足、配网容量低、商业化运营难等问题,持续完善全域充电网络布局,提高设施能力和服务水平,助力构建全新产业生态环境。

国网安徽省电力有限公司
合肥供电公司

"数智合电"控碳组合拳,创出城市级靶向减排真功夫

合肥城市发展日新月异,用电需求加速释放,供需平衡和发展减排矛盾日益突出。国网合肥供电公司创新构建"数智合电"大脑中枢,依托合肥市能源大数据中心,构建多维节能降碳协同优化模型,推动数智控碳管理变革。截至目前,项目已帮助全市企业节约费用支出444万元,挖掘全市可调节负荷16.3万千瓦、年节约用电潜力5987万千瓦时。

供给侧改革：油电混合生产，开辟新能源汽车发展新道路

合创汽车

在国家汽车产能过剩的大背景下，如何以最小的投入来提高现有工厂产能利用率，成为汽车产业亟待解决的课题。合创杭州工厂提出创新性解决方案，对工厂冲、焊、涂、总车间产线设备及相关基础设施的车型平台进行兼容性改造，实现油电共线混合生产，有效解决工厂前期主要生产传统燃油车、产能过剩、产能利用率不足等问题。

千年古镇蝶变新生，打造上海城市更新样本

瑞安管理（上海）有限公司

瑞安房地产秉承公司可持续发展理念，将"城中村"改造与新城建设、历史文化名镇保护相结合，依托蟠龙古镇千年历史底蕴并蓄现代商业气息，铸就江南水乡历史记忆与现代生活交织的风情休闲区，让原居民回味乡愁记忆、让市民体验城市微度假、让游客领略新江南文化，成为展现上海城市文化魅力与现代生活时尚力的鲜活案例。

"在中国，为中国"战略助力中国多地产业升级

中国惠普有限公司

惠普致力于践行"在中国，为中国"战略，通过建立强大的本土研发中心和供应链，引入和推动先进制造理念和体系落地中国，为中国培养创新人才，在本地完成研发、生产全链条的价值循环。通过培育产业集群，惠普助力中国重庆、威海、岳阳、大连等地实现产业升级、就业增长和经济发展动能转换，为促进中国经济增长做出积极贡献。

研发创新产品减少畜牧业甲烷排放，助力碳中和

dsm-firmenich ●●●

帝斯曼 - 芬美意

畜牧业甲烷减排对实现碳中和目标意义重大。帝斯曼—芬美意公司经过 10 多年潜心研究，开发出了一款能够有效减少反刍动物肠道甲烷排放量的添加剂产品 Bovaer®，可分别帮助奶牛和肉牛的甲烷排放量减少 30% 和 45%，同时不给动物健康、人类健康及自然环境带来额外负面影响。目前，Bovaer® 已获得欧盟认证，在全世界 45 个国家获得批准并使用。

致 谢

感谢金钥匙专家委员会对2023"金钥匙——面向SDG的中国行动"的大力支持，感谢2023"金钥匙——面向SDG的中国行动"评审专家的大力支持，感谢参与本行动集的企业给予的大力支持。

金钥匙专家委员会

马继宪 中国大唐集团有限公司国际业务部（外事办公室）副主任

王文海 中国五矿集团有限公司企业文化部部长

王　军 中化蓝天集团有限公司党委书记、董事长

王　鑫 bp（中国）投资有限公司企业传播与对外事务副总裁

王　洁 施耐德电气副总裁

戈　峻 天九共享集团董事局执行董事、全球CEO

吕建中 全球报告倡议组织（GRI）董事

庄　巍 金蜜蜂首席创意官

祁少云 中国石油集团经济技术研究院首席技术专家

伦慧嫒 瑞士再保险亚洲区企业传播部负责人

李　玲 安踏集团副总裁

李鹏程 蒙牛集团执行总裁

陈小晶 诺华集团（中国）副总裁

陈伟征 责扬天下（北京）管理顾问有限公司总裁

沈文海 中国移动通信集团有限公司发展战略部（改革办公室）总经理

肖　丹　昕诺飞大中华区整合传播副总裁

杨美虹　福特中国传播及企业社会责任副总裁

张　晶　玫琳凯（中国）有限公司副总裁

张家旺　中国圣牧有机奶业有限公司总裁

金　铎　瀚蓝环境股份有限公司总裁

郑静娴　Visa 全球副总裁、大中华区企业传播部总经理

周　兵　英特尔公司副总裁、英特尔中国区公司事务总经理

铃木昭寿　日产（中国）投资有限公司执行副总裁

徐耀强　中国华电集团有限公司办公室（党组办、董事办）副主任

唐安琪　中海商业发展有限公司副总经理

黄健龙　无限极（中国）有限公司行政总裁

梁利华　华平投资高级副总裁

韩　斌　中国企业联合会咨询与培训中心副主任、原全球契约中国网络执行秘书长

鲁　杰　佳能（中国）企业营销战略本部总经理

（以姓氏笔画为序）

2023 "金钥匙——面向 SDG 的中国行动" 评审专家

（不包括参与评审的金钥匙专家委员会部分专家）

卜　卫　中国社会科学院新闻与传播研究所教授

柴麒敏　国家气候战略中心战略规划部主任

陈路崎　TPG 董事

陈守双　腾讯可持续社会价值事业部智库负责人，院士专家工作站主任

陈　迎　中国社科院生态文明研究所研究员、可持续发展研究中心副主任

陈　莹　品牌专家，中国人民大学国企形象建设研究院专家，奥瑞金战略顾问

陈志伟　中国教育报刊社原总编辑

范宏军　索尼影像技术学院院长、索尼探梦馆长

房　志　中华环保基金会副秘书长

郭振华　中国银行保险传媒股份有限公司银行品牌部副总经理

胡柯华　中国纺织工业联合会社会责任办公室副主任兼可持续发展项目主任

胡　燕　中国电子工业标准化技术协会理事长，工信部科技司原司长

金钟浩　世界自然基金会 (WWF) 高级顾问

雷　明　北京大学乡村振兴研究院院长、北京大学光华管理学院教授

李函擎　蒙牛集团副总裁

李　丽　对外经济贸易大学国际经济研究院研究员

刘心放　国家电网有限公司社会责任处处长

刘雪华　清华大学环境学院副教授、清华大学环境学院生态保护和管理研究组学术带头人

吕　飞　北京朋辈社会工作发展中心理事长

吕学都　国家气候中心原副主任、亚洲开发银行原首席气候变化专家

马　洁　清华大学无锡应用技术研究院数据治理与应用技术中心执行主任

缪　荣　中国企业联合会首席研究员

潘　荔　中电联行业发展与环境资源部（电力行业应对气候变化中心）主任

钱小军　金钥匙总教练，清华大学苏世民书院副院长、清华大学绿色经济与可持续发展
　　　　研究中心主任

饶淑玲　北京绿色金融协会副秘书长、北京绿色金融与可持续发展研究员顾问

施懿宸　中央财经大学绿色金融国际研究院高级学术顾问、中财绿指首席经济学家

石　颖　国家发展改革委经济体制与管理研究所副研究员

史根东　联合国教科文组织中国可持续发展教育秘书处执行主任，博士

税琳琳　中国传媒大学设计思维学院院长、教授

王　东　Visa中国企业传播部副总经理

王亚琳　联合国开发计划署（UNDP）驻华代表处官员

夏　光　中华环保联合会副主席

许　静　北大新闻与传播学院教授、博士生导师，北京大学文化与传播研究所副所长

于　霖　蚂蚁集团战略发展部总经理

翟慧霞　中国外文局国际传播发展中心战略研究部主任

翟志勇　北京航空航天大学法学院教授，科技组织与公共政策研究院副院长

赵　凯　中国循环经济协会常务副会长

周太东　中国国际发展知识中心副主任、副研究员

朱春全　世界经济论坛自然与生态文明倡议中国区总负责人

竺　蕾　北京星巴克公益基金会秘书长

（以姓氏笔画为序）